国家出版基金资助项目　　"十二五"国

丛书主编　钟志华

月球与人类丛书——

月球畅想曲

YUEQIU YU RENLEI CONGSHU ——

`YUEQIU CHANGXIANGQU

教育部深空探测联合研究中心　组编

分册主编　焦维新

湖南大学出版社

内容简介

分析了人类重返月球的必要性以及新时期载人登月的技术特点。第二章描述了月球基地概念的发展、初级月球基地的主要结构。介绍了高级月球基地的主要特征和功能，包括高级月面运输、地—月太空电梯以及月球经济活动。分析了月球资源、月球资源开发利用的方式和方法，重点介绍氧与氦-3的提取技术。展望了月球旅游的美好前景，涉及旅游观光内容、旅游基础设施建设。展望了月球基地建设远景，介绍了月球社会的经济、科学与文化活动，特别是人类未来在月球上的科学考察设施与活动。

适合科学爱好者及青少年阅读。

图书在版编目(CIP)数据

月球畅想曲/焦维新主编. —长沙：湖南大学出版社，2014.4（2021.5重印）
（月球与人类丛书/钟志华主编）
ISBN 978-7-5667-0640-9

Ⅰ.①月··· Ⅱ.①焦··· Ⅲ.①月球探索-青少年读物
Ⅳ.①Ｖ1-49
中国版本图书馆CIP数据核字（2014）第064610号

月球与人类丛书——月球畅想曲

YUEQIU YU RENLEI CONGSHU——YUEQIU CHANGXIANGQU

组　　编：教育部深空探测联合研究中心

丛书主编：钟志华　分册主编：焦维新

丛书策划：雷　鸣

项目责任人：刘非凡

责任编辑：罗素蓉　黄　旺　张　毅　责任校对：全　健

出版发行：湖南大学出版社有限责任公司

社　　址：湖南·长沙·岳麓山　邮编：410082

电　　话：0731-88822559（发行部），88822264（编辑室）
　　　　　 0731-88821006（出版部）

传　　真：0731-88649312（发行部），88822264（总编室）

电子邮箱：hnuplff@126.com

网　　址：http://www.hnupress.com

印　　装：北京洲际印刷有限责任公司

开　　本：730mm×960mm　16开　印张：9.75　字数：160千

版　　次：2014年4月第1版　印次：2021年5月第2次印刷

书　　号：ISBN 978-7-5667-0640-9

定　　价：38.00元

目　录

第一章　重返月球/1

1.人类为什么要重返月球/1

2.中国开展载人登月的意义/6

3.怎样登月/10

4.超重型运载火箭/15

5.全月面着陆/26

第二章　初期月球基地/41

1.什么是月球基地/41

2.月球基地面面观/50

第三章　高级月球基地/62

1.高级月球基地主要特征/62

2.月面交通运输/73

3.月球太空电梯/78

4.通信与定位/87

5.月球经济/88

第四章　月球资源利用/94

1.月球资源/94

2.就地资源利用/105

3.氧与氦−3的生产技术/110

第五章 月球旅游/116

1.月球旅游不是梦/116

2.初探广寒宫/122

3.月宫盛世/132

第六章 2100年后的月球/139

1.月球社会/139

2.月球科学/145

第一章 重返月球

1．人类为什么要重返月球

1.1 "阿波罗"计划的局限性

提起载人登月，人们自然想起美国的"阿波罗"计划。早在1969年7月，当阿姆斯特朗踏上月球的表面时说道："对个人来说，这是一小步，但对人类而言，这却是一大步。"这句具有丰富哲理的话已经传遍全球。而"阿波罗"11号航天员在月球上的照片（见图1-1），则成为现代化与技术成就的全球性象征。确实，人类首次成功登月对社会带来的影响是巨大而深远的。

图1-1 美国航天员阿姆斯特朗踏上月球

美国当时推出"阿波罗"计划是出于冷战的需要，为了与苏联争夺空间霸权，但毫无疑义，这是人类一次史无前例的伟大壮举。在科学方面，"阿波罗"飞船对月球的探索取得了"十大发现"；在技术方面，载人登月计划培养了一代高水平的科学家、技术专家，其科研成果带动了美国和全世界20世纪60－70年代计算机技术、通信技术、测控技术、火箭技术、激光技术、材料技术、医疗技术等高新技术的全面发展，把科技整体水平提高到了一个全新的高度。美国目前的科技水平和军事力量很大程度上是在"阿波罗"计划的基础上进一步发展起来的。

尽管这个计划曾取得丰硕成果，但限于当时的技术条件，存在不少局限性，主要表现在以下几个方面：

（1）着陆点限于月球正面的低纬地区（见图1-2中的彩色条带），所采集的样品自然限于这些地区。仅凭从这些局部区域采集的样品判断整个月球起源与演变过程中所发生的重要地质过程，判断月球资源的分布，确定月球的内部结构等重大科学问题，显然证据不充分。实际上，有些结果还只是猜想。

（2）限于当时的技术水平，所获得的探测数据和现场试验数据精度不高，不能满足深入研究的需要。

（3）限于当时对月球的认识和了解，有些实验项目设计不甚合理，有的根本就没有取得有用数据。

（4）航天员在月面的科考活动重视采集样品，但没有充分利用这个宝贵的机会，用科学仪器获取更多的实地探测数据。返回舱的运载能力是有限的，带回样品的重量自然是有限的，但能带回的科学数据可以是无限的。

（5）与月球特殊环境有关的试验项目太少，特别是1/6重力加速度环境下对生命效应的实验基本没有涉及。

从人类首次登月到现在已经40多年了。在这40多年中，人类社会发生了巨大变化。从政治方面看，冷战早已结束，当前世界尽管还不安宁，但和平与发展是主流，国际合作是大势所趋；从技术方面看，运载技术、飞

船技术、探测技术、通信技术等都取得突飞猛进的发展。因此，如果我们以新的思维方式，重新审视"阿波罗"计划的得失，站在新的高度，展望未来的载人登月、月球基地建设、月球资源开发利用以及更远的载人深空探测，其社会效应、科学意义将远远超出"阿波罗"计划。

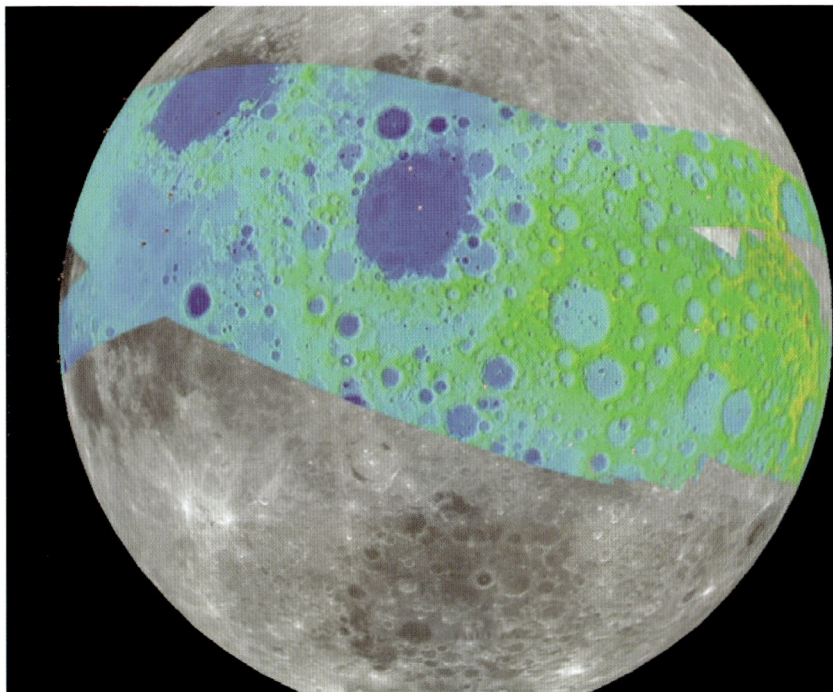

图1-2　"阿波罗"飞船的着陆区及地形特征

1.2　科学探索的必要方式

2007年以来，人类探索月球的活动出现了新的高潮，除了美国、俄罗斯外，更多的国家参与进来。中国的嫦娥三号已经落月，日本和印度相继发射了探月卫星，欧洲的德国和英国等国家也制定了各自的月球探测计划。美国还制定了详细的重返月球的星座计划，尽管这个计划后来被奥巴马政府取消了，但其前期探索为载人登月做了许多准备工作。如目前在轨

运行的月球勘察轨道器（LRO）和圣杯（GRAIL），都是原星座计划的一部分，目的是为人类重返月球确定着陆点，全面了解月球的空间环境。在探月的新时期，月球资源、能源的开发利用成为关注的焦点，国际间的合作范围更广泛、更具体。另外，科学目标更加明确，除了上述探测活动外，许多国家的学者还对新时期探月的科学目标进行了全面系统的研究，梳理出未来各种形式探月的路线图。

尽管人类在20世纪六七十年代已经发射了大量探月卫星，近年来又开始了新的探测，未来也将有更多的着陆器或机器人到达月球表面，但人的作用是无法替代的。人的最重要特征是具有思维和判断能力，特别是一个训练有素的航天员，比较全面地掌握了地质、矿物学、地球化学和地球物理学的知识，能在茫茫的月面上，发现最有科学价值的样品。现代科学仪器并非都是属于"傻瓜型"的，例如数字式地震仪，安装时必须有懂仪器的人进行调整，否则获得的数据是不可靠的。另外，新时期的载人登月，已不限于带回样品，而是现场进行大量试验，这些试验都含有较复杂的步骤。经过这些试验后，带回的将是非常有价值的数据与图像。新时期探月的重要科学目标之一，就是获得与月球起源与演变以及现在状态密切相关的样品和数据，使月球科学研究提高到一个新的水平。显然，载人登月对实现新的科学目标将起到不可替代的作用。

另外，新时期的载人登月还将在月面进行生命科学实验、空间天文观测等等。这些复杂的实验在有人参与下，将充分发挥仪器的效能。例如在空间站上，大部分实验是自动的，但也有部分实验必须有航天员的参与。

1.3　建立月球基地的前提

在新时期，人类重返月球已经不限于取回一些样品，做些简单的实验，而是要建立月球基地，在月球上长期居住。

如果不建立月球基地，人类重返月球所能达到的目标是很有限的。航天员在月球表面停留两三天，无论从所到的空间范围还是能开展的科学实验活动来看都是很有限的，从经济的角度看，这样的探索方式也是不划算

的。有了月球基地，人类就可以"驻留"下来，有充裕的时间，到达更广的地方，开展多学科的科学考察。

为了这个目的，人类应尽快重返月球，为月球基地建设做准备。

1.4　开发资源的必要条件

当前，地球上资源短缺问题十分突出，而月球上的资源是非常丰富的，如矿物资源、月壤和极区的挥发性物质资源、极区陨石坑内的水冰资源等。特别是钛铁矿、稀土资源以及氦-3资源，都是人类的发展所急需的。但如何开发利用这些资源是一个非常复杂而困难的问题。首先涉及这些资源的确切分布，接着是如何提取、开发和利用。我们不否认遥感卫星在勘察资源方面所起到的巨大作用，但这种方式只限于普查，仅凭遥感勘察结果，还不能判断一个地区矿物的开采价值，需要就地进行详查。这一步可用机器人完成，但开发和利用这些资源，就必须有人操作。仅凭遥控机器人是无法完成这些任务的，因为这些过程太复杂。

1.5　载人深空探索的基础

人类必须走向深空，这既是人类探索未知的天性使然，也是出于人类生存和可持续发展的必然选择。那么，载人登月在未来载人深空探测中处于什么样的地位和作用呢？

（1）月球是人类探索更远深空的基地与中转站。

对于探测更远的天体，月球可起到中转站作用。如果我们将太空比作大海，月球就是距离大陆最近的岛屿。为了探索浩瀚大海的秘密，将离大陆最近的岛屿作为一个中转站，将是非常有利的。在月球上建立基地，不仅对深入研究月球有重要意义，而且还可以将月球作为载人探索火星和其他更远天体的中转站。在这个中转站可开展的工作包括培训航天员、摸索就地资源利用的方法、验证新技术，甚至从月球直接发射航天器。

（2）按照循序渐进的原则，通过载人登月积累探测小行星和火星的经验。

月球是距离地球最近的较大天体，载人登月的行程比较近，只要两三天就可以到达月球。通过载人登月，可以验证超重型运载火箭技术、载人

飞船技术、登月舱的下落和上升技术以及深空对接技术等，取得人类奔向更远天体的经验。如果不首先实现载人登月，直接将航天员送到小行星或火星等遥远的天体，从技术上来说具有很大的风险。

1.6　国际交流合作的平台

建立月球基地，无论是在经济方面还是技术方面，都不是哪一个国家能独立承受的。因此，载人登月，进而建立并完善月球基地，可以促进国际交流与合作，增加各国间对彼此太空计划的了解及建立信任，有利于促进全球的和平与发展。

2．中国开展载人登月的意义

2.1　政治和社会意义

（1）对MIT理念的思考。

2008年12月，美国麻省理工学院（MIT）航天、政策与社会研究组提交了一份美国载人航天未来的报告。为了梳理开展载人航天的理由，报告引入了主要和次要目标的概念。

主要目标是指那些只能通过派人亲临才能实现、效益高于机会成本以及值得冒很高的人员生命安全风险，乃至冒可能失去生命危险的目标。主要目标是探索、增强民族自豪感、提高国际威望和占据领先地位。次要目标是指那些能因为派人亲临太空而产生效益但其本身并不足以证明所花费或所冒风险具有合理性的目标。次要目标包括科学、经济发展与就业、技术发展、教育和激励作用。

MIT报告已得到美国政界领袖、奥巴马团队和其他有关方面的积极认同。奥巴马取消重返月球计划，将近期载人深空探索目标定位于火星和小行星，也许是依据这个报告的理念。

MIT报告所表达的理念很明确，载人航天的主要目标就是增强民族自豪感，保持美国的霸主地位。为了这个目标，国家可以不遗余力。

　　事实上，世界上许多国家开展载人航天与深空探测，都自觉或不自觉地体现了这个理念，只是由于各国的文化不同，在这个问题上有不同的表达方式。

　　中国载人航天所取得的巨大成就，极大地增强了中华民族的自豪感，提高了中国的国际威望和国际地位。有些人不愿意从政治方面看问题，那么从MIT报告所表达的理念，美国人不也是首先从政治方面看问题吗？因此，我们在讨论开展载人登月的必要性时，不要回避或淡化政治因素。只是我们讨论问题的角度要从全民族的根本利益出发，从提高国家的战略能力出发。

　　（2）增强民族自豪感，提高中国国际威望。

　　探索一直是、而且也应该成为载人航天飞行的一个主要目标。举例来说，"阿波罗"计划经久不衰的影响力，并不只是靠其先进技术，也不只是所取得的科学成果，给全世界留下深刻烙印的是人类在另一个世界漫步的画面。

　　与探索这一目标密切相关的还有民族自豪感和国际威望这两个目标。载人航天是现代化和国际一流地位的标志，踏上地球以外的星球，不仅代表了航天员所在国家的成就，也是地球人类的骄傲。因此，我国制定并实施载人登月计划，符合国家战略和科技进步要求，有利于促使我国早日成为航天强国，抢占近地空间战略制高点，对于提高综合国力和国际竞争力，进一步巩固大国地位，增强民族自豪感和凝聚力具有重要意义。

　　（3）提高国家战略能力。

　　国家战略能力既是指在非战争状态下，塑造有利于本国战略安全态势的能力，也是指在战争状态下赢得胜利的能力。这种能力包括领导力（远见和意志）、政治动员能力（其基础是人民对政治体系的支持力）、军事动员能力、技术能力、经济实力以及影响人民主观看法和心理状态的"软实力"等要素。

　　中国的载人登月是一个庞大的系统工程，涉及科学技术的许多领域。因此，确定并完美地实现这一系统工程，是试验动员能力、检验领导能

力、考验技术能力、提升战略能力的实践。

2.2　书写中华民族的新篇章

美国实施"阿波罗"计划，在科学上获得十项重大发现，极大地丰富了人类对月球的认识。回顾人类的文明史，中华民族曾以"四大发明"引以为荣。但进入太空时代的50多年来，在行星科学和空间天文学领域，难以见到中华民族书写的历史。我们应当让子孙后代除了欣赏"四大发明"外，还有更多值得自豪的回忆。载人登月可以充分发挥中国人的智慧，利用现代科学技术，取得远远超过"阿波罗"的成果，在人类文明史上书写中华民族的新篇章。

中国未来的载人登月是在新的技术条件下进行的，包括新的探测技术、实验技术、通信导航技术和新的飞船技术等。在这些新技术的支撑下，我们将以新的视点，全面深入地认识和了解月球。通过对月球表面的科学考察，获得与月球形成、演变和当前状态密切相关的直接数据和关键样品，使我国对月球科学的研究迈入世界先进行列。

在新的技术条件下，我国可以考虑在南极登月甚至在月球背面着陆。这样，从载人登月着陆点的角度看，我国也将创造几个世界第一。这些第一不仅在形式上，更重要的是我们完全可能在科学上有重大发现，使得中华民族在人类探索太空领域做出新的重大贡献。这些贡献将让我们的子孙后代引以为荣。此外，科学上的重大发现，又会进一步扩大我国载人登月的政治和社会影响力。

实现载人登月，也是千百年来中华民族的夙愿，嫦娥奔月的美丽传说，才算真正实现。届时，身处广寒宫的嫦娥终于盼来了亲人，其喜悦心情可想而知。

2.3　扩展国家的利益空间

月球含有丰富的矿物资源，也许在可以预见的未来，这些资源无法带回地球，但在人类登上月球后，可以逐步就地利用这些资源，以减少探索

成本，并为更远天体的资源利用积累经验。

联合国《外层空间条约》和《月球协定》规定，各国有权在平等基础上自由探索和利用月球，公平分享月球的资源利益，天体的所有地区均可自由进入。这些规定的实质含义是"先登月者先得益"。实施载人登月，将使我国具备探索、开发和利用月球资源的能力，有利于维护我国的月球权益，扩展国家的利益空间。

值得注意的是，美国航空航天局在2011年发布了一份《登月守则》，提出要保护"阿波罗"着陆器和月球车硬件、不载人飞船的月面着陆点和撞击点、航天员在试验时留在月面的工具和设备、航天员以及月球车在月面留下的痕迹等。为了达到上述保护目的，美国建议设立禁飞区和缓冲区，从而防止火箭喷射的废气或尘埃坠落在那些具有历史意义的仪器设备上。

美国航空航天局的这一建议，等于宣布美国航天器到过的地区就是美国政府在月球上的财产。而联合国1967年的《外层空间条约》规定，没有一个国家能宣称拥有月球上的任何部分，探月国家只能有优先权。美国设立禁飞区的真正目的，是为了阻止其他国家接下来的探月任务，包括日本、印度和中国。

众所周知，美国向来对联合国宪章采取实用主义态度，有利于我的就执行，不利于我的就不执行。如果这个建议得到美国政府批准，虽然没有国际法的效力，但美国可以依据国内法处理国际事务，这是推行霸权主义的美国一贯的做法。这件事也给我们以启迪，为了扩展我国的利益空间，应尽快实现载人登月。

2.4　具备经济和技术的基础

（1）经济基础。

改革开放以来，我国的经济得到迅速发展。根据中华人民共和国2008年国民经济和社会发展统计公报，2008年我国的GDP为30万亿元，比上年增长9.0%，首次超过德国，仅次于美国和日本，跻身世界第三，达到1967年美国

实施"阿波罗"工程的水平。2011年我国的GDP为47万亿元，合5.74万亿美元，超过日本，位居世界第二。按照目前我国的经济实力和未来的发展速度，是有能力发展载人登月的。

（2）技术基础。

到2017年左右，我国将实施到月球取样返回的计划；2020年左右，载人航天三步走的计划也将胜利完成。届时，我国的运载火箭技术、飞船技术、空间交会对接技术、太空行走技术、降落月球表面的技术以及从月球返回的技术都将趋于成熟，这些技术都将为载人登月打下坚实的技术基础。

（3）社会基础。

中国自古就有嫦娥奔月的美丽传说，这个传说所以能长久流传，是因为它表达了中华儿女美好的愿望。中国实施载人登月的计划，将使中国人几千年的梦想成真，这个计划有着深厚的社会背景，定会得到亿万人民的拥护。

3．怎样登月

3.1 "阿波罗"计划的经验

将航天员从地球表面送到月球表面并安全返回，是一项非常复杂的系统工程，对于飞行中的每一个细节，都要精心设计、精心安排。对总体方案更要周到、细致地思考，因为这决定着整个计划实施的走向。在考虑总体方案时，最关键的因素是火箭的运载能力、方案的可靠性和成本。美国在制定"阿波罗"计划时曾提出五种方案：

（1）直接登月方案。

直接登月方案是指用火箭直接将飞船送到月球上，在登陆月球时火箭翻转，使其发动机对着月球，然后发动机制动使飞船软着陆到月面。飞船离开月球时，再由同一枚火箭以同样的方法把航天员带回地球。

这种方案需要研制大推力的运载火箭，而推力要求远远超过最后实施

登月任务的"土星-5"运载火箭的能力。另外，采用直接登月方案要求大型火箭实现垂直着陆，这在技术上也面临很多问题。

（2）在轨加注模式。

这种模式是首先将登月飞船的各舱段（不含用于奔月过程的燃料）发射到近地轨道完成组装，然后发射携带燃料的飞行器与登月飞船对接，为执行奔月任务的推进系统的燃料储箱进行在轨加注。通过几次加注，当燃料的重量满足任务需求时实施登月任务。按照此方案，需要利用5~7枚土星C-2火箭来完成发射组装任务，其中3枚用于发射登月飞船各舱段，其余的用来进行燃料在轨加注。

这种方案的突出特点是通过增加发射次数来降低对运载能力的要求。但多次交会对接存在很大的技术风险，倘若其中有一次发射失败就会对整个任务造成致命的影响。

（3）基于环月轨道交会组装登月模式。

这种方案是通过运载火箭将整个登月飞船一次性发射到环月轨道，然后指令舱（CM）与登月舱（LM）分离。登月舱包括下落级和上升级两部分，利用着陆系统执行登月任务。任务完成后，登月舱的上升级点火，将上升级送入环月轨道，同指令与服务舱（CSM）交会对接（见图1-3），航天员返回指令舱，然后利用服务舱（SM）提供的动力返回地球。

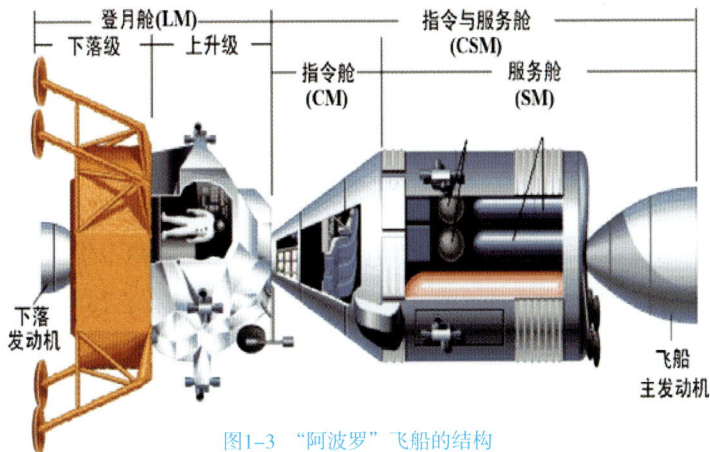

图1-3　"阿波罗"飞船的结构

这种方式需要建造专门的登月舱，交会对接是在38万公里以外的太空进行，万一失败则没有救生的希望。

（4）基于近地和环月轨道交会组装的模式。

采用几枚运载火箭分别将登月飞船的各部分送入近地轨道，在近地轨道完成交会对接，然后点火加速进入奔月轨道，到达月球附近时进行轨道机动，切入环月轨道。此后指令舱与登月舱分离，由登月舱执行登月任务。登月及科考任务结束后，登月舱从月面上升并进入环月轨道，与环月轨道上的指令舱和服务舱对接，航天员进入指令舱，服务舱点火加速返回地球。

这种方案可进一步降低对运载能力的要求，但此方案需要在月球轨道交会对接，可靠性不高，在论证的初期便被否决。

（5）基于月球表面交会组装模式。

这种方案是利用在月球表面交会的途径来完成登月任务，即用运载火箭将无人运输飞船发射到月面，然后发射补给飞船。此后发射载人飞船到月面，航天员完成月面科考任务后进入运输飞船，该飞船从月面起飞，将航天员送回地球。

这种方案要求每次飞船都在月面准确着陆到同一地点，这将给飞船的导航与控制能力提出很高的要求，这在当时几乎是不能实现的。

专家从方案本身、制导精度、测控需求、安全性与可靠性、时间进度、费用和军事运用等方面对上述方案进行了比较，最后确定方案（3），即月球轨道交会组装方案为最佳方案。

方案（3）被选中主要有以下原因：这种方案只是将部分舱段降落到月面，可以大大降低总的发射质量；只需一个较小的登月舱，可以避免整个飞船降落在月面；返回时，登月舱可以抛掉，可以进一步减少燃料携带量；虽然在月球轨道交会对接有一定的风险，但总的来说利大于弊。

3.2　星座计划的思考

2004年1月，美国总统布什提出了"太空探索新远景"计划，确立了

美国人将再次登上月球，建立月球基地的计划。但奥巴马总统上台后，于2010年2月宣布取消了重返月球的星座计划。尽管美国取消了重返月球计划，但这个计划还是留下许多值得我们回味的东西。

按照星座计划，首先用"战神-5"火箭将登月舱和脱离地球级（EDS）火箭送入环绕地球轨道。然后用"战神-1"火箭将猎户座号载人飞船发射到环绕地球轨道，并与先前进入地球轨道的登月舱交会对接，形成一体。对接后，EDS点火，将猎户座载人飞船与登月舱送到环月轨道。然后航天员从猎户座飞船中进到登月舱，登月舱与飞船分离，下落到月球表面（见图1-4）。航天员在月面完成科考任务后，登月舱的上面级点火，将航天员送入环月轨道，并与猎户座飞船对接。航天员从登月舱进入猎户座飞船，二者分离，猎户座飞船发动机点火，将航天员送回地球。其操作程序如图1-5所示。

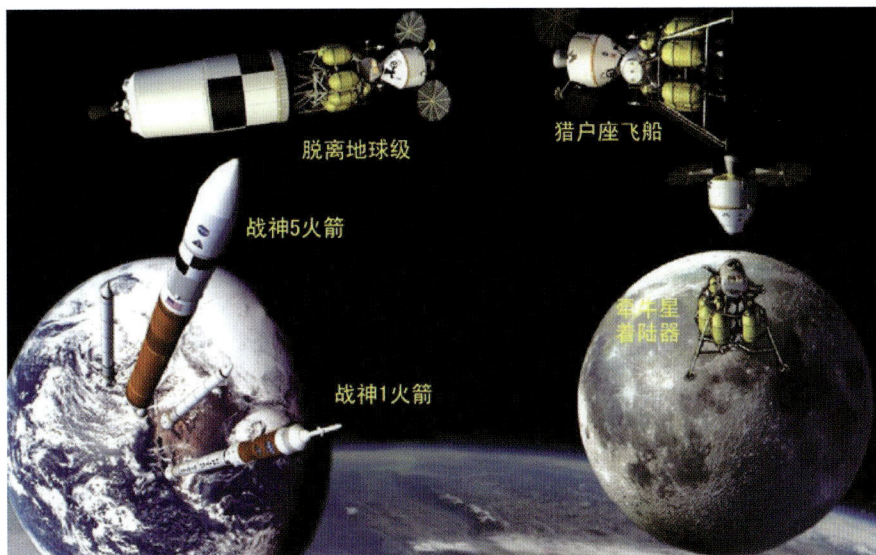

图1-4 重返月球的星座计划

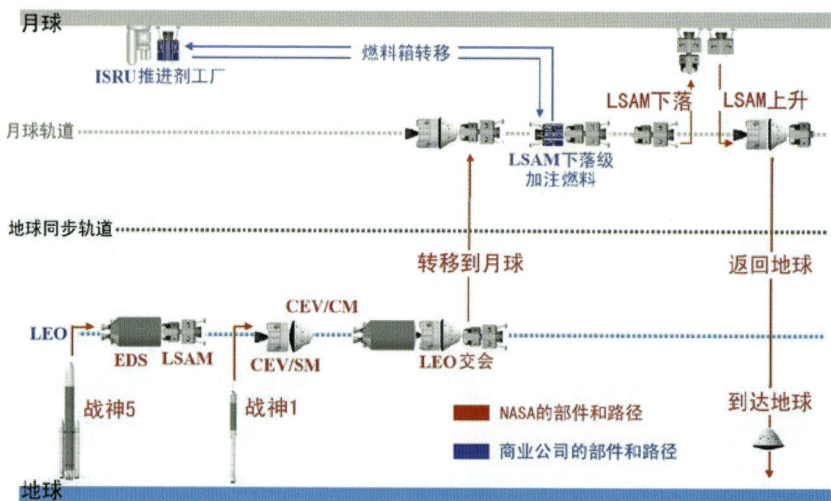

图1-5 星座计划往返月球的操作程序

3.3 中国人将怎样登月

在考虑中国实施载人登月的方式时，首先应认真分析总结"阿波罗"计划和星座计划的经验。"阿波罗"计划最终选择了月球轨道交会对接方案，前面已经分析了选择这种方案的原因。现在我们从另一个角度看，选择这个方案，是因为该方案与美国当时火箭的运载能力是吻合的。从表1-1可看出，"阿波罗"11号飞船的总重为44 t，而"土星-5"运载火箭的地月转移轨道（LTO）的运载能力为48.8 t，正好满足发射"阿波罗"飞船的需要。

表1-1 "阿波罗"11号飞船各舱段的质量

"阿波罗"11号飞船	质量/kg
登月舱	15 060
服务舱	23 206
指令舱	5 556
总质量	43 822

再看星座计划。牵牛星（Altair）号登月舱质量为45 864 kg，猎户座（Orion）载人飞船总质量是21 250 kg，这两项的总质量为67 t。而"战

神-5"运载火箭LTO的运载能力为71 t。

因此，如果采用近地轨道2次发射1次对接的方式，要求运载火箭的LTO运载能力应大于载人飞船与登月舱质量的总和。

我国目前的神舟飞船重约9 t，未来的载人登月飞船可以借鉴神舟飞船的技术，但肯定要比神舟飞船重，因为飞船还承担着将航天员从月球轨道运回地球的任务，这就需要许多附加的燃料。根据"阿波罗"11号飞船的数据，指令舱与服务舱总重28 762 kg，其中服务舱的推进剂就有18 418 kg，占服务舱和指令舱总重量的64%。此外，由于飞行时间较长，携带的给养也比近地轨道飞行用得多。综合这些因素，我国的载人登月飞船至少应该在16 t以上。如果登月舱在40 t左右，则运载火箭的LTO运载能力大约在50 t左右，相当于低地球轨道运载能力大于100 t。

4．超重型运载火箭

载人登月成功与否以及方案的选择，关键因素是火箭的运载能力。运载能力的大小直接决定了载人登月的规模、登月的模式，以及各系统的组成及构型。一般来说，火箭的运载能力越大，发射次数就越少，整个登月工程就越简单；相反，火箭的运载能力越小，整个登月所需要的发射次数就越多，在太空对接组装的次数越多，整个工程就越复杂，相对来说可靠性也会比较低。

描述火箭的性能有许多参数，其中最重要的参数是运载能力，一般用低地球轨道（LEO）的运载能力表示。根据LEO的运载能力，可将运载火箭划分为5个级别，如表1-2所示。

表1-2 运载火箭的级别

级别	小型	中型	中等重型	重型	超重型
运载能力/t	<2	2~10	10~20	20~50	>50

根据表1-2给出的类型，载人登月火箭应属于超重型。

到目前为止，成功将航天员送到月球表面的只有美国。20世纪60年代，苏联也曾制定了载人登月计划，但由于超重型火箭技术不过关，使得这项计划无法实施，且导致了在太空竞赛中输给了美国。

4.1 世界第一的"土星-5"

美国当年将"阿波罗"飞船送到月球的运载火箭是"土星-5"。"土星-5"总共有三级，一子级直径10.06 m，采用液氧煤油推进剂，动力装置由5台F-1大推力发动机组成；二子级直径10.06 m，采用5台氢氧发动机；三子级直径6.6 m，使用了一台J-2发动机。整个火箭的最大直径13 m，高111 m，起飞质量2 946 t，低地球轨道运载能力为127 t，逃逸轨道运载能力为48.8 t。如图1-6所示。

图1-6 "土星-5"运载火箭

F-1是煤油液氧发动机，是投入使用的推力最大的单喷嘴液体发动机。

这一级推进器净重131 t，装满燃料后重量将达到2 300 t。5台F-1发动机排成十字形，中心的发动机位置固定，而周围的4台发动机可以通过液压转向来控制火箭。在飞行中，中央的发动机要比周围的发动机早关闭26秒，以限制加速度。在发射中，F-1将工作168 s（升空7 s前点火），随后发动机关闭。此时火箭的高度大约是68 km，而火箭大约飞行了93 km，速度达到2 390 m/s。

F-1推进剂流量为12 710 L/s，可以在8.9 s内清空一个容量为110 000 L的游泳池。每台F-1发动机的推力比航天飞机上三台主发动机推力总和还多。图1-7是F-1发动机。

J-2火箭发动机是航天飞机主发动机诞生之前，美国所拥有的最大推力液氢液氧发动机。J-2也是"土星-5"上的主要发动机之一，第二级装有5台，第三级装有1台。在第一级推进器脱离以后，第二级推进器大约工作6分钟，将飞船推送至170 km的高空，速度达到7.00 km/s，接近第一宇宙速度。

在当时，J-2的一个独一无二的特征是可以在发动机熄火后再次启动。在"阿波罗"11号这个典型的登月任务中，第三级推进器工作大约2.5分钟左右，将"阿波罗"飞船送入地球轨道，然后关机。在乘组人员证实飞船操作正常后，J-2再次点火，并持续6.5分钟，将飞船加速到接近第二宇宙速度，飞向月球。

"土星-5"三级推进器提供的最大推力至少为34 MN（兆牛），最大可达35.1 MN。

美国目前正在研制的J-2X发动机是J-2的一个新版本，将比J-2效率更高且更简单，但比航天飞机发动机成本低，计划用于未来的重型运载火箭上。

图1-7 工作人员正在为"土星-5"安装F-1发动机

4.2 屡发屡败的苏联N1

历史上另一个超重型运载火箭是苏联的N1火箭。N1高105 m，在高度、质量和有效负载上仅次于世界第一的"土星-5"。N1采用五级推进，前三级将飞船送入地球轨道，其余两级用于地月推进。加满燃料满载情况下重2 788 t。下面三级呈截锥体形，最下部直径约10 m，一个较小的球形煤油箱在上部，较大的液氧箱在下部。上部分呈圆柱形，直径4.4 m。

N1是俄语运载器的缩写，火箭研发工作比美国的"土星-5"晚，不仅资金短缺、未测试，四次发射试验都失败了，于是苏联在1976年正式取消了这项工程。

N1的第一级A段由30台NK-15发动机驱动，发动机排成两个环，外环24台，内环6台。A段总共产生4 620 t推力，远远超出"土星-5"的3 469 t推力。

第二级B段由8台NK-15V发动机驱动，也排列成环形。NK-15V与NK-15的区别就是吊钟形涡流室和高空发动机性能。上面级V段，装了4台更小的NK-21发动机，排列成矩形。

比起"土星-5"，N1虽然推力更大，但它只能将95 t的物体送入低地球轨道，而"土星-5"可以运送130 t物体。这是由于N1火箭都以煤油做燃料，而美国对氢氧燃料的研究起步早，使得"土星-5"设计时选用了比较成熟的氢氧发动机，以此获得了较高的效率。

复杂的发动机群导致输送推进剂的管道设计也很复杂，而这种极端脆弱的结构是导致N1最后失败的罪魁。有趣的是，当时是否要花大价钱研发用于"土星-5"的F-1发动机还是一个争论的焦点，有一种设计方案就是采用类似N1的发动机群。而N1的失败给了支持这一方案的人一个教训。

种种的技术失误，以及缺乏资金支持，N1从未经过严格的出厂测试，甚至N1每次爆炸都在一、二级分离之前，计划的12次试飞也因前四次彻底失败而提前告终。图1-8是N1火箭结构示意图，图1-9是运输途中的N1火箭。

图1-8 N1火箭结构示意图　　　　　图1-9 运输途中的N1火箭

4.3 美国在研的运载系统

从星座计划起，美国一直酝酿研制新型的超重运载火箭。直到2011年9月，NASA才确定新一代运载火箭–空间发射系统（SLS）的雏形。"土星–5"运载火箭的第一级F1虽然推力大，但因效率低而没有继承下来。所以SLS的芯级仍采用航天飞机的主发动机RS–25的改进型RS–25D/E。SLS的最终型将增加一个上面级，该级则采用J–2的改进型J–2X火箭发动机（见图1–10）。J–2X高4.70（3.38）m，直径3.05（2.01）m，推力为1312（1033）kN，括弧中的值是J–2的，J–2X将比J–2效率更高且更简单，但比航天飞机发动机成本低。

图1–10 J–2X火箭发动机

RS–25D/E发动机（见图1–11）的海平面推力为1.8 MN，真空推力达到2.2 MN。SLS的第一级将使用5台RS–25D/E，另外还有2个5.5节的固体助推火箭，这种固体助推火箭是航天飞机所用的改进型。图1–12是新型固体助推火箭试车的情景。SLS在初期的LEO运载能力为70 t，在增加一个上面级

后，最终型的运载能力将提高到130 t以上，比"土星–5"的运载能力提高10%~20%。图1–13是美国新型运载火箭图，图1–14是该火箭的结构图，图1–15则是SLS与"土星–5"及航天飞机的高度和运载能力比较图。

图1–11　RS–25D/E发动机

图1–12　新型固体助推火箭试车

图1-13　美国新型运载火箭

乘员舱

芯级
5个
RS-25 D/E
发动机

固体
助推
火箭

逃逸塔

多目的
乘员工具

乘员舱

人的
高度

服务舱

最终型
增加了
J-2X
上面级

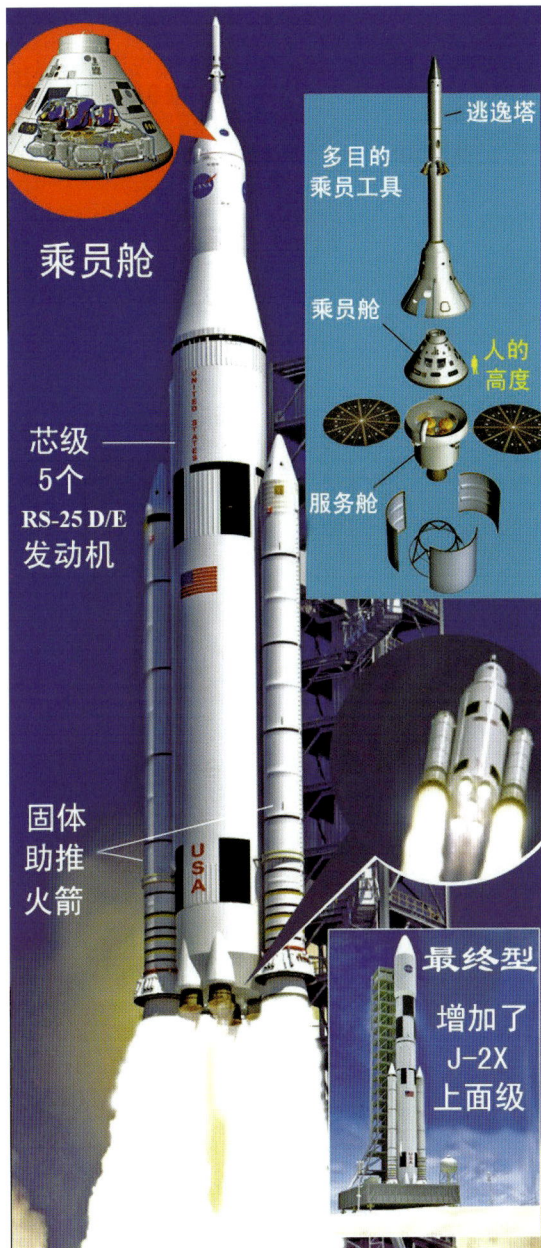

图1-14 美国新型运载火箭（SLS）结构图

122m

110m

**Boeing747
(71m)**

97.5m

负载

液体
主发动机

56.1m

固体
助推器

**SLS
初始型**　　**SLS
最终型**　　**土星5号**　　**航天飞机**

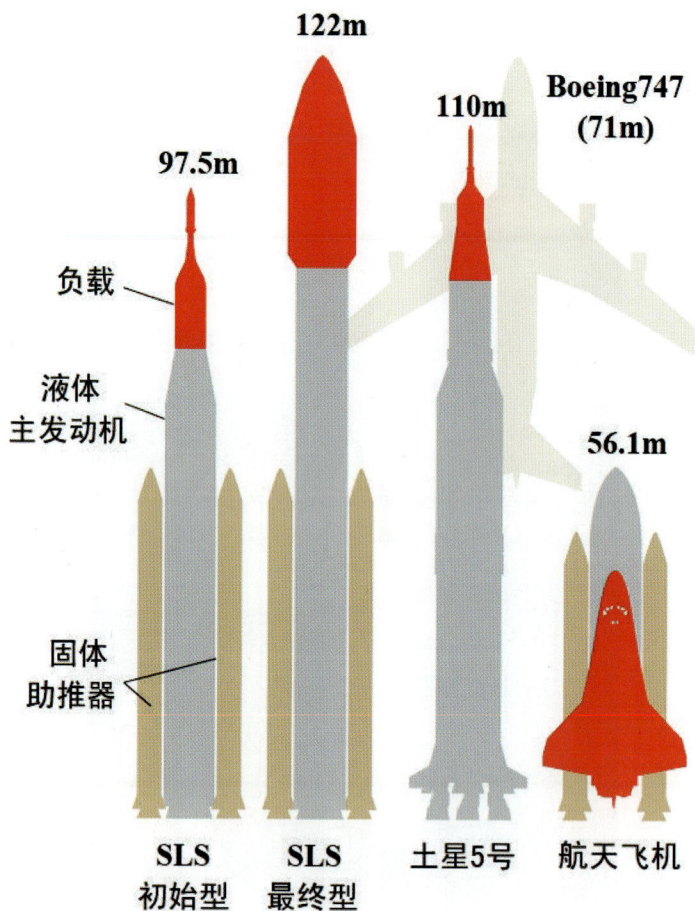

图1-15 SLS与"土星-5"及航天飞机比较

4.4　中国期盼的超重火箭

　　目前中国还没有超重型运载火箭，如果中国实施载人登月计划，那就必须研制这类火箭。

　　《载人航天》杂志2011年第1期刊登了李斌等撰写的论文《载人登月——大推力液氧煤油发动机研究》。该文介绍，我国正在进行120 t级液氧煤油发动机的研制工作。为了满足载人登月的需求，建议我国开展300 t

级和600 t级液氧煤油发动机的研制工作。后者可用于百吨级LEO运载能力的超重型运载火箭，满足载人登月和深空探测、发射大型空间站等重大航天活动的需求。

2012年7月29日，我国新一代大推力120t液氧煤油火箭发动机点火试验获得成功，这将为我国2014年实现"长征五号"火箭首飞以及进行后续载人航天和月球探测工程等打下坚实基础。120 t级液氧煤油发动机采用了目前世界上最先进的高压补燃循环系统，是世界航天动力领域的"珠峰"。其推力比我国现有长征系列运载火箭发动机高60%以上，运载能力是原来的3倍左右。不仅采用的推进剂、循环方式与常规发动机不同，在最高压力、涡轮功率、推进剂流量等设计参数上，也比现有发动机高出数倍，在推力吨位、性能方面有大幅度提高。与常规发动机相比，液氧煤油发动机还具备诸多优点：一是推力大；二是没有污染，液氧和煤油都是环保燃料，而且易于存储和运输；三是经济，比常规发动机推进剂便宜60%；四是可靠性高；五是可重复使用。这次点火试验的成功，标志着我国成为继俄罗斯之后第二个完全掌握液氧煤油高压补燃循环液体火箭发动机核心技术的国家。

如果在2020年左右我国研制成功600 t级大推力液氧煤油发动机，则可以拥有100 t以上的LEO超重型运载火箭。有了这种火箭，就可以像美国星座计划那样，2次发射，1次低地球轨道交会对接。这种方案的优点是减少交会对接的次数，提高可靠性。

运载火箭是最重要的太空基础设施，我国与空间强国的最大差距，也主要表现在运载能力上。需求是发展的推动力，没有需求的牵引，就很难谈发展。如果我国只将建设空间站作为自己今后的目标，"长征五号"运载火箭就能满足要求。但如果停留在"长征五号"的水平上，我们不仅与美国和俄罗斯的运载能力拉大了差距，也将被欧洲空间局和日本甩在后面。因此，实时地制定载人登月计划，我国的超重型运载火箭将实现新的跨越，整个航天基础设施将迈向一个新的台阶，在载人航天和深空探测中做出中国人应有的贡献。

5．全月面着陆

在20世纪60~70年代，美国"阿波罗"飞船6次成功登陆月球，着陆点位于月球正面的中低纬度，如图1-16所示。在航天技术发展的今天，人类重返月球，登陆点不应限制在这些区域，而应遍及全月面。

具有典型特征的登月点可分为五种类型：初期的平坦区域；接下来的是高原地区；特殊的地形地貌区域；南极；月球的背面。这些区域无论从人类探索的角度，还是实现科学目标的角度，都具有渐进性和代表性。

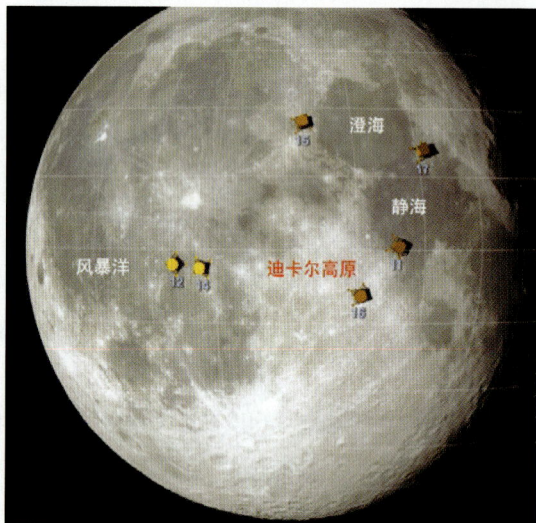

图1-16　"阿波罗"飞船着陆点

5.1　首次着陆选平原

中低纬平坦地区一般作为首次载人登月的首选目标区域，主要是基于成功性和安全性的考虑。美国首次登月的"阿波罗"11号飞船登陆点选择在静海南部，这里比较平坦，不会在降落和舱外活动时有太多困难。我国嫦娥3号的着陆点计划选择在虹湾地区。虹湾（Sinus Iridium）的拉丁语意为"彩虹之湾"，是月球雨海西北部延伸出来的一个玄武岩平原。它从东北部到西南部由侏罗山所包围。虹湾在西南部突出的区域称作赫拉克利德海

角，东北部称作拉普拉斯海角。虹湾及其周围的山脉被认为是月球上最美的特征，被月球观测者们所钟爱。虹湾地区没有较显著的环形山，但是在南部有赫利康陨石坑，东部有拉普拉斯A陨石坑，北部有比安岐尼陨石坑。虹湾地区很平坦，在两个海角之间的距离大约是235 km。为了安全起见，如果我国开展载人登月，首次登月的着陆点也会选择在与虹湾类似的地区。图1-17是虹湾的地形图。

在月球正面，类似虹湾那样平坦的地区还有许多。我们可以根据着陆的安全性、科学考察价值、可能获得的样品类型等方面综合考虑。我们不能选择与"阿波罗"飞船登陆点地质结构完全相同的地区，应考虑在科学探索方面有新的突破。

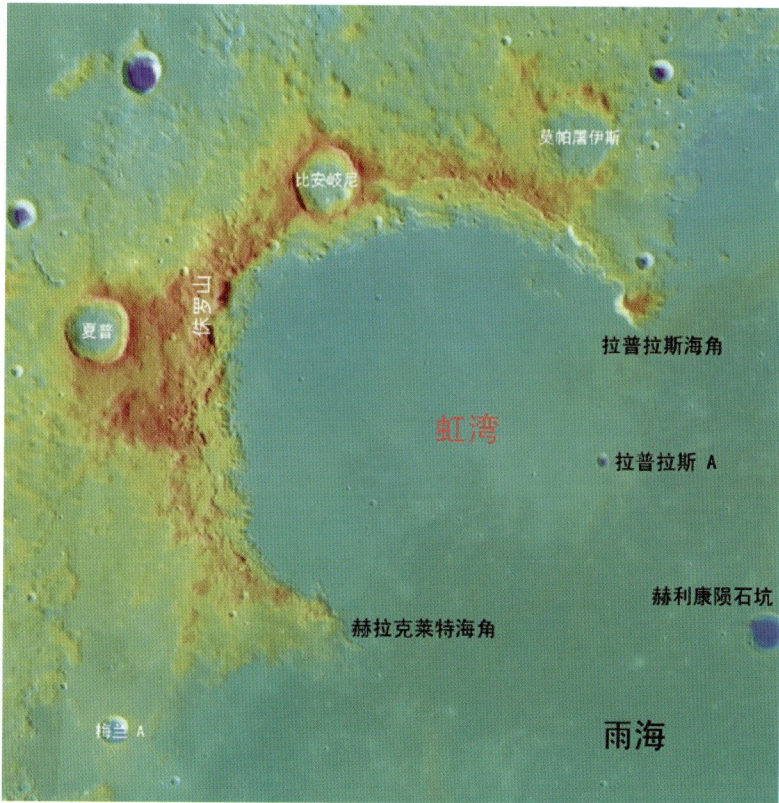

图1-17　虹湾地形图

5.2 正面高地是首选

考虑着陆点的另一个重要因素是科学价值，也就是容易获得与月球形成、演变和当前状态密切相关的关键样品。

对于月球的历史，目前主流观点认为，月球约形成于45亿年前，月球形成后曾经发生过较大规模的岩浆海事件，通过岩浆的熔离过程和内部物质调整，41亿年前左右形成了斜长岩月壳、月幔和月核。39亿年前左右，小天体大规模撞击月球，大量的月海盆地形成于这一阶段。之后的38亿~31亿年前，月海玄武岩大量喷发，大量玄武岩充填了月海，厚度达到了0.5~2.5 km。31亿年以来，月球内部基本处于停滞状态，但表面依然继续受到大量小天体的撞击，形成了大量陨石坑，相继形成含辐射纹的撞击坑。

地球形成于46亿年前，但46亿~38亿年前这段地球历史是缺失的，而月球恰恰保留了这段历史，因此，月球演化历史的研究对地球早期历史的研究具有非常重大的意义。

为了验证月球41亿年前形成了斜长岩高地，必须寻找最古老的高地月岩样品。普遍而言，月球表面年龄越古老，遭受陨石撞击的概率和次数就越大，因为在以十亿年计的时间跨度中，陨石会大致均匀地撞击到月球表面的每一寸土地，经历时间越长的月球表面所接受的撞击就会越多。也就是说，陨石坑密度越大的地区其形成年龄也越早，这些地区将是寻找古老月壳的最合适的地方。这样说来，月球背面的众多陨石坑密度极大的高地应当是最佳选择，但考虑到登月初期着陆点的范围大致在月球正面中低纬度的中间区域，根据陨石坑密度的统计综合来考虑，应当选择月球正面中低纬度、接近陨石坑高密度区域。图1-18（a）是月球正面的高原地区，此高原的陨石坑密度在月球正面来说是比较高的。因此，在高原中较平坦的区域取样，有望获得重要科学发现。在"阿波罗"计划中，只有"阿波罗"15号的着陆点选择在高原与月海的交界处，但不在图1-18（a）所示的范围内，而是靠近亚平宁山的哈德利溪附近，如图1-18（b）所示。

图1-18（a）　月球正面的高原地区

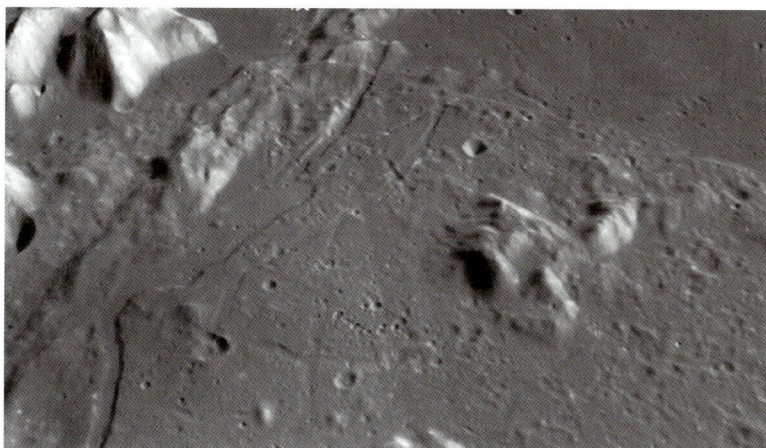

图1-18（b）　"阿波罗"15号的着陆点

5.3 奇特地区熔岩管

月球熔岩管是月球表面以下具有一定长度的通道，是岩浆流动时形成的。当岩浆管的表面冷却时，形成一个硬的外壳，但里面的岩浆还在管道形的通路中流动。一旦岩浆流缩减，通道内的岩浆逐渐枯竭，就形成一个空洞。在月球表面形成的熔岩管有一个斜率，范围大约在0.4°~6.5°。熔岩管在重力作用下变得不稳定之前的宽度大约是500米，稳定的熔岩管也可能因地震活动或流星体撞击而断裂。地球上存在许多熔岩管，典型结构如图1-19所示。

图1-19 地球上的熔岩管

月球表面的这种地下中空结构，将有助于未来人类探索月球，建立月球基地。熔岩管位于表面以下40多米深，直径可达数百米，温度稳定在大约-20℃。这样的熔岩管可防护宇宙线、流星体和微流星体，屏蔽月球表面温度的变化，为月球基地提供稳定的可居住环境。

早在20世纪60年代，美国的"月球轨道器"5号就拍摄到许多沟纹图片，发现了可能存在熔岩管的证据。在20世纪70年代初，就有科学家预言月球可能存在熔岩管，并对熔岩管的可能结构进行了分析（见图1-20）。

到了20世纪90年代，科学家们从众多沟纹结构中辨别出四个熔岩管，这四个熔岩管分别位于风暴洋格里特威森K陨石坑南部、马留斯山地区、澄海东南和澄海东部。

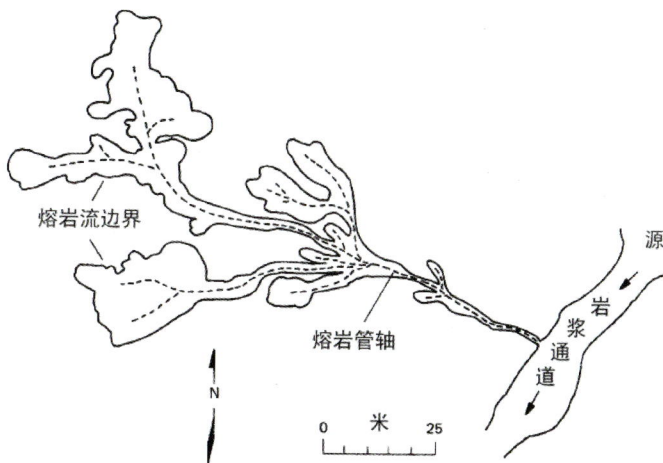

图1-20　熔岩管系统的分布

近年来，对月球熔岩管的探测有了新进展。"月球女神"第一次探测到在可能的熔岩管结构中存在"天窗"（见图1-21）。基于不同的太阳光角度分析（见图1-22），科学家初步测定这个洞穴的直径为65 m，很可能向下延伸至少80 m。它位于沟纹区域中部，表明洞穴通往的熔岩管直径可达到370 m。

图1-21　"月球女神"拍摄到的"天窗"

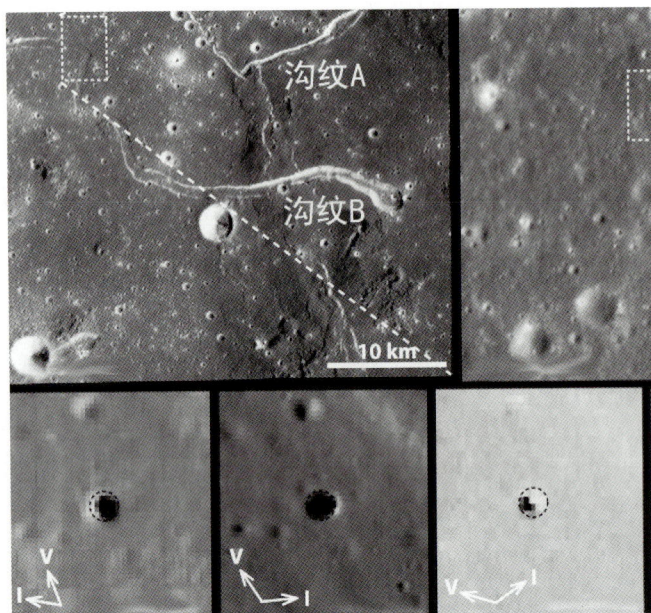

图1-22 在不同太阳光照射条件下观测到的马留斯山地区洞穴

马留斯山地区在过去有相当多的火山活动，含有许多火山特征，包括弯曲的沟纹。这些沟纹具有长的、蜿蜒曲折的河道的特征，类似于图1-22中左上图标出的A和B。在"阿波罗"任务之前，科学家们认为这些弯曲的沟纹是月球表面水流冲刷形成的。今天我们知道，沟纹由两种不同的方式所形成：敞开的熔岩通道和熔岩管。由于马留斯山洞穴在弯曲沟纹的中部，像是熔岩管顶部坍塌所致；洞穴本身可能是由于撞击产生的，这种撞击击穿了熔岩管的顶部。图1-23（a）给出沟纹与熔岩管之间的关系。顶部崩塌的地方是沟纹，没有坍塌的地方是熔岩管，而洞穴则可能是熔岩管顶部被撞击的地方。图1-23（b）给出两个地下连通的天窗，实际上由一座"桥"将两个深洞连接在一起。

月球勘察轨道器也在马留斯山地区观测到洞穴。

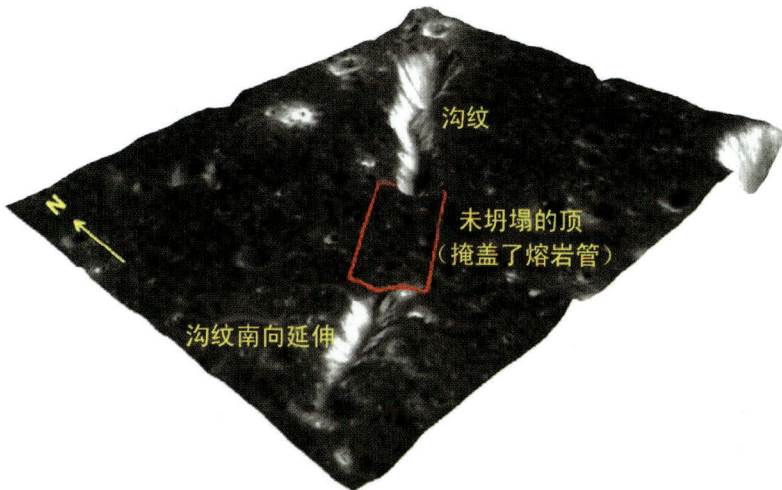

图1-23（a）　沟纹与熔岩管之间的关系

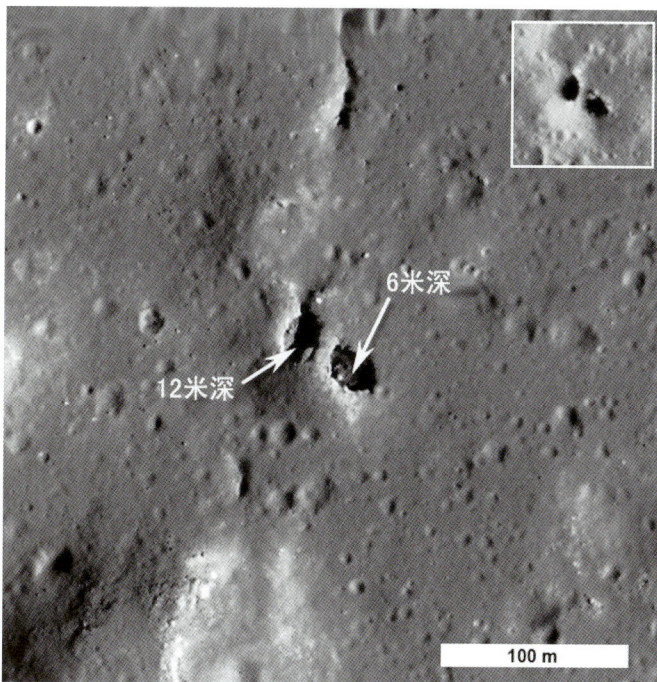

图1-23（b）　两个地下连通的天窗

5.4　着陆南极迎挑战

月球南极地区是人类没有征服的地区，在南极登陆，本身就是人类探索月球的里程碑事件。这不仅是政治和社会影响，从科学探索方面来说，在南极也是大有作为的。

（1）有证据显示水可能一直保存在极区附近的阴暗处。图1-24显示了南极附近的永久阴影区（深色区域）。根据月球陨石坑观测与遥感卫星和末级运载火箭撞击结果，在南极凯布斯陨石坑（见图1-25）的撞击物中，水的含量大约是5.6% ± 2.9%。因此，如果载人登月在此地区登陆，或在类似地区建立月球基地，就可以解决水源的问题。

图1-24　南极附近的永久阴影区

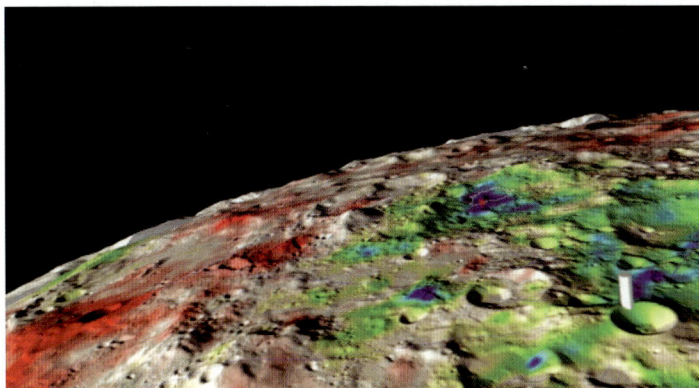

图1-25　凯布斯陨石坑（图中白线圈出的区域）

（2）由于月球自转轴几乎垂直于赤道，所以极区有相当大的地区受太阳光照射的时间比较长。这样可以在这个区域建设能源收集站。图1-26给出南极地区六个科学家感兴趣的地点；表1-3给出这六个地点全年日照时间。图1-27给出南极地区平均照度百分比，用灰度表示；最佳照度点在沙克尔顿，用箭头指示。

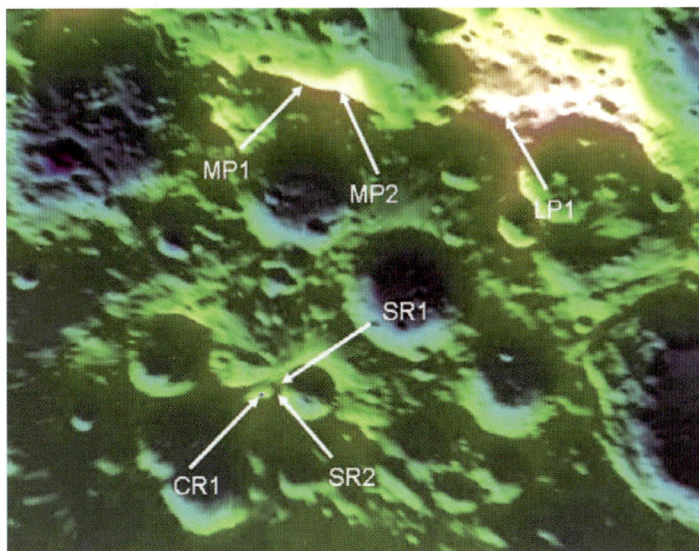

图1-26　南极地区六个地点

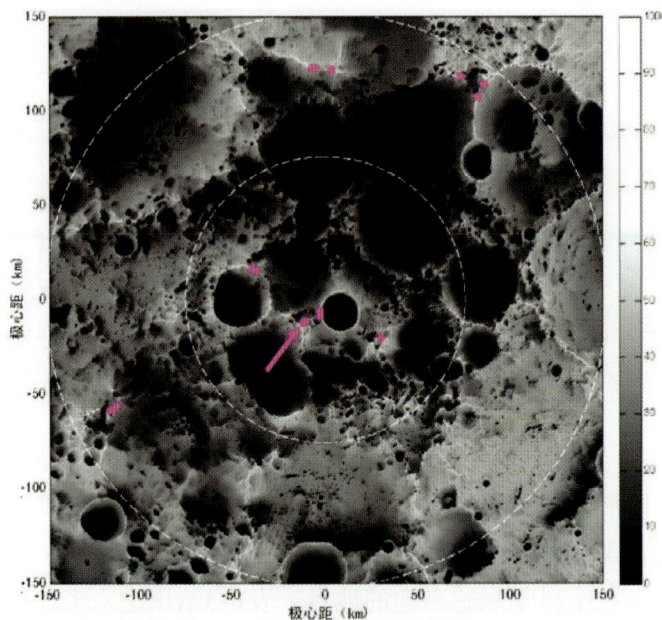

图1-27 南极地区平均照度百分比

表1-3 六个地点全年日照时间

符号	地点名称	最长日照时间/天	位置：纬度和经度
SR1	沙克尔顿陨石坑边缘	274	89.778 8°S, 153.434 9°W
SR2	沙克尔顿陨石坑边缘	234	89.687 1°S, 161.565 1°W
CR1	相连的山脊	316	89.463 2°S, 137.489 6°W
MP1	马利普特峰	196	85.975 6°S, 2.112°W
MP2	马利普特峰	203	86.023 6°S, 2.613 3°E
LP1	莱布尼茨贝塔高原	203	85.440 6°S, 31.851 7°E

（3）月球南极一些陨石坑底部终日不见太阳，温度极低（见图1-28），可以帮助保存氢与其他易挥发的气体，对于研究月球的起源和演变有重要意义。

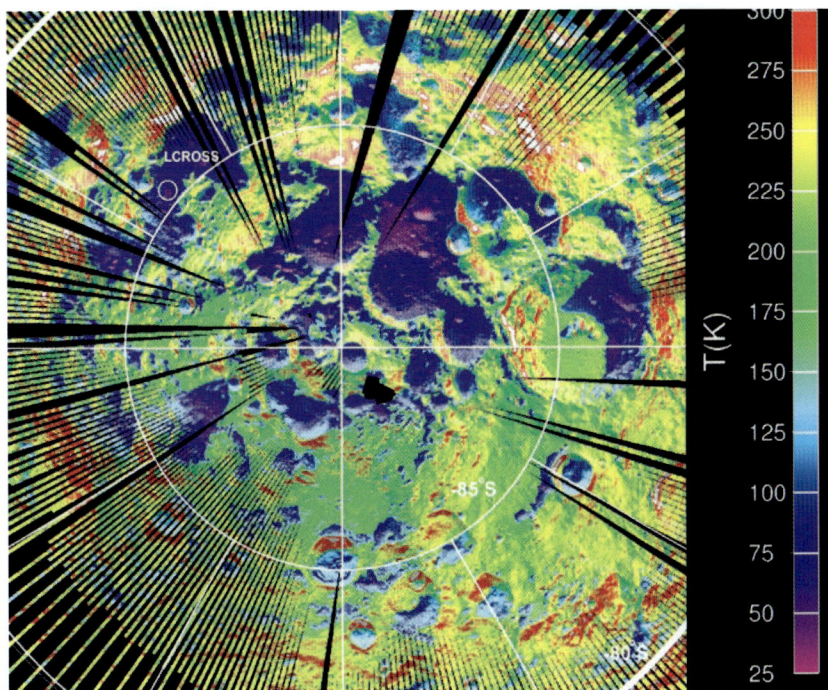

图1-28 南极地区温度分布

5.5　背面高原探秘密

在月球背面登陆，是对人类意志和能力的挑战。因为月球背面布满陨石坑（见图1-29），着陆的风险性较大，另外需要有中继卫星配合，才能与地球实时通信。从科学探索的角度看，背面岩石一般比正面的古老，对于研究月球的起源和演变更具重要意义。

背面高原的中心，在丹特陨石坑（26° N, 178° E）附近（见图1-29中白色线圈出的范围以及图1-30），似乎有月球最古老、最原始的壳，即原始的岩浆海洋斜长岩。那里还有富含铝和钙的月壤，可作为就地可利用资源的加工原料。在这个点与地球通信需要中继卫星。

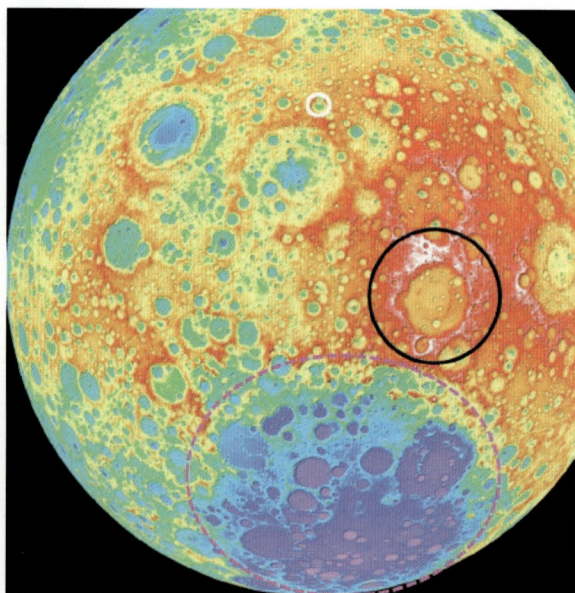

图1-29　月球背面

图1-30　丹特陨石坑

克罗列夫陨石坑的中心纬度为南纬4.14°，中心经度为西经157.22°，直径423 km，陨石坑脊是月球最高的地区，可以称为月球的"屋脊"（见图1-29中黑色线圈出的范围）。这个陨石坑是人们一直关注的地区，陨石坑底部的图片，曾出现在英国科学幻想电视系列片中，而且也出现在太空艺术家的绘画中。月球最高地区的陨石坑底部成分有什么特点？陨石坑周围岩石的年龄究竟有多高？未来的载人登月如果将该陨石坑底部作为着陆点，将获得有关月球演变年代许多重要信息。

5.6　艾特肯盆地战严寒

南极艾特肯盆地（SPA）是月球上最大的撞击坑（见图1-29中粉色线圈出的范围），图1-31是中心在艾特肯盆地的月球背面图。虽是盆地，但底部布满陨石坑。艾特肯盆地直径大约2 500 km，深约9 km，是整个太阳系中已知的撞击坑中最大的（第二大的是火星南半球的希腊平原），也是被公认为在月球上最大、最古老和最深的盆地。艾特肯盆地可能暴露了月球的底壳和上幔。这个点在月球的背面，超出了地球的视线，要求有通信中继系统。该地点适于观测低频射电天空。

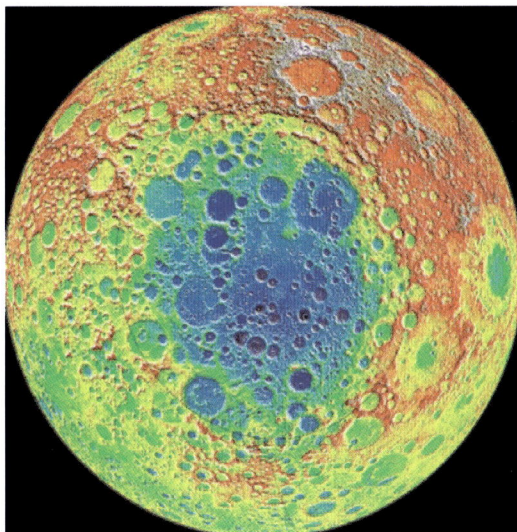

图1-31　中心在艾特肯盆地的月球背面图

艾特肯盆地是非常寒冷的，平均温度是–220℃。这个极端的温度仅比绝对零度高50℃，容易破坏精密的电子学装置，也会使结构部件脆化。

艾特肯盆地位于永久的黑暗之中，这给科学家带来许多挑战。主要问题是电源，月球车不能由太阳电池供电，需要寻找其他方法。

艾特肯盆地被认为是撞击坑，盆地的地质构造是极端粗糙的，需要特殊设计的月球车才能在此运行。

第二章 初期月球基地

1．什么是月球基地

1.1 基地概念近百年

（1）月球基地概念的由来。

月球基地是建立在月球表面、能保障航天员长期生活和工作的可居住设施。建立月球基地的目的不仅仅是为了科学探索，更重要的是扩展人类在地球以外的居住范围，并逐步在太阳系的其他星球定居。也许达到这个目标所需的时间是漫长的，但人类凭着顽强的探索精神，总有一天会陆续地生存在地球以外的一些太阳系天体上。

月球基地的概念最早是由科学幻想作家在20世纪初提出的。英国行星学会（BIS）于1933年成立后，关注的主要问题是探索将人类送到月球表面的方法，并首次提出了月球飞船的设想。BIS理事长甚至撰文写道，尽管月球的环境是极端恶劣的，但在那里建立一个前哨是可能的。在20世纪50年代，BIS会员发表了许多关于月球基地计划和发展的论文，涉及运载工具、月球基地结构、月球资源利用和在月球上耕种等许多方面。

20世纪50年代末期，美国军方开始对月球基地感兴趣，并提出了"地平线计划"，深入、全面地阐述了月球基地的技术设计。按照这个计划，月球基地由10个分系统构成，其中3个是气闸舱。整个基地需要运送245 t材料和设备。基地所需的电源是4台功率分别为60 kW、40 kW、40 kW和5 kW

的核反应堆。准备往月球运送12名航天员，先期到达的3名航天员的主要任务是研究月球表面环境，选择基地位置，在后面的9人到达后，他们用15天的时间建设营地。虽然"地平线计划"没有执行，但对月球基地的技术研究，为后来的"阿波罗"计划打下了基础。

NASA在1969年公布了《美国在空间的下一个10年》的报告。该报告建议在"阿波罗"计划后分三阶段建设月球基地，但这个报告所提出的建议没有被采纳。在20世纪70年代，美国还有一些研究机构和大学提出了月球基地研究的计划。

美国于1981年发射第一架航天飞机后，对月球基地的研究再次升温。1984年10月在华盛顿召开了"21世纪的月球基地与空间活动"的学术会议。1986年，美国总统里根提出，美国重返月球不只是短暂地探索，而是要长期系统地探索，并逐步停留在那里。1987年里根宣布成立一个办公室，协调"人类在地球以外存在"的活动。同年，NASA提出了在2010~2030年间人类将在月球表面生活和工作几个月的建议。1989年7月21日，美国总统乔治·布什启动了"太空探索开创"计划（SEI），该计划提出美国应承担起重返月球的义务，SEI被称为"斯坦福报告"。虽然美国总统克林顿后来取消了SEI计划，但人类重返月球和载人探测火星的研究一直在进行。

1992年，欧洲空间局（ESA）公布了"奔向月球"的报告，提出了在月球上进行各种科学研究的可能性。

1994年在瑞士召开的第一次国际月球研讨会上，ESA散发了"月球计划"的小册子，描述了人类分四个阶段建立月球基地的计划。虽然ESA的这个计划没有执行，但这次会议促使国际月球探索工作组（ILEWG）得以成立。中国于2006年在北京承办了第八次ILEWG会议。

2004年1月14日，美国总统布什宣布了美国的星座计划，这个计划包括重返月球和在月球上建立长期基地。此后，有关月球基地的研究进入了实质性的阶段。尽管奥巴马总统后来终止了星座计划，但国际上对月球基地的研究仍在继续。

（2）月球基地的基本构成。

月球基地的基本功能是保障航天员安全地生活。在此基础上，逐渐增加科学实验设备，扩展科学考察的范围；更高的要求是建立生产设施，利用月球资源，就地生产氧气、水和建筑材料等。因此，月球基地的构成应包括基本模块和生产设施。

基本模块包括居住区、气闸舱、生命保障系统、电源供应系统、实验室、科学观测设备、通信导航系统、科学器材、辐射屏蔽、存储设备、发射和着陆设备以及运输系统。

居住区有刚性模块和可伸展模块两种形式。刚性模块内部充有一个大气压强的空气，内部结构和设备的大部分甚至全部是在地球上完成的，然后送到月球。刚性模块的优点是立即可以利用，而且可以利用空间站的技术。主要缺点是因运输的困难，体积和质量都受到限制。气闸舱是居住区内部和月球表面之间的界面，功能类似于空间站的气闸舱。生命保障系统的主要目标是保障乘员具有合适的生存和工作环境。可伸展模块是在发射时可以折叠，送到月球后再展开，这样就不受发射和运输时体积的限制。

生产设施和设备包括采矿设施与设备、化学处理设备、机械设备、电子设备、制造设备、生物学生产设备（蔬菜种植和动物饲养等）。

在月球基地建设的初期，基地基本上是模块式的，主要部件在地球制造，在月面组装。图2-1给出月球基地的基本构成。

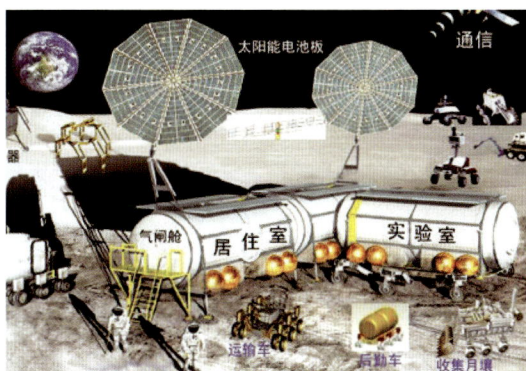

图2-1　月球基地的基本构成

1.2 位置选择是关键

位置选择是月球基地建设的关键问题。选址的主要依据是战略目的、月球科学与环境、资源利用和操作限制（轨道与月球表面的关系）。战略目的是总目标，是选择位置的决定性因素。科学方面涉及月球的地质和地理特征、所在地的矿物和岩石成分、太阳照射条件、月壤的工程性质、月球车下落和上升的轨道。无论是基地的建设，还是维持航天员的日常生活，都需要大量的资源。因此，就地资源的可利用性，是需要充分考虑的条件。操作限制涉及飞船的轨道、基地与地面的通信等。在综合考虑各种因素后，月球基地不同地区的优缺点列于表2-1。最终地点的确定还需要发射轨道器和月球车，经全面的分析评估后才能确定。

在场址确定后，下一步的工作是发射载人飞船。航天员对预选的基地位置进行现场详细勘查，在此基础上设计基地的蓝图，制定周密的基地建设计划和步骤，包括规模、主要建筑和部件的位置等。然后货运飞船将部件、模块、材料、月球车、航天员用部分给养运送到月球表面指定地点。基本情况与建设空间站类似，模块在地球组装好，在航天员到达月球后，将几个模块组合在一起。这个过程与建设空间站时的太空交会对接不同，因为模块都在月面上。每个模块都类似一个月球车，在航天员的操作下移动，以实现对接。由于月球表面不是很平坦，要求模块具有液压系统，使模块能在一定的范围内上下移动，这样就可以保障对接的顺利进行。

在前面工作的基础上，载人飞船将第一批航天员运送到基地所在地点，利用先期送到的部件、模块和材料，开始建设基地。首批航天员的住所就是登月舱，因此要求登月舱比较大，至少能保证4~5名航天员居住。须携带足够多的生活用品，确保航天员在月球上居住一个月左右的时间。在航天员建设基地期间，运行在轨道上的载人飞船作为通信中继。

表2-1 月球基地候选位置优缺点比较

特征		极区	赤道（正面）	赤道（背面）	月球临边
资源	H	少；潜在水冰	有	有	有
	^{3}He	可能少/没有	有	有	有
	钛铁矿	可能有	有	有	有
	斜长石	有	低	低	低
	温度变化	小	大	大	大
表面环境	照明	恒定，长时间阴影	月变化	月变化	月变化
	流星灾害	减小	有	有	有
	辐射	减小	有	有；无地球射电噪音	有
地形地貌		很粗糙	平坦	很粗糙	平坦
科学	地理学	未来探索对所有地点都感兴趣			
	天文学	视场减小	全天空，有地球噪音	全天空，无地球噪音	全天空，有地球噪音
	太阳观测	持续	每月球日两周	每月球日两周	每月球日两周
安全	辐射屏蔽	部分屏蔽	另加屏蔽	另加屏蔽	另加屏蔽
	通信	持续	持续	与地球通信不可行	地球日夜分界线可行
	易进入性	极轨连续	赤道轨道连续限制较高高度	赤道轨道连续限制较高高度	赤道轨道连续限制较高高度
电源	太阳电源	持续可用	每14天变化	每14天变化	每14天变化
热控制	热衰减	好	白天困难	白天困难	白天困难

1.3　建设分为三阶段

依据月球基地建设所需要的材料和设备来源，可将初期月球基地建设分为三个阶段。

第一阶段：设备完全在地球制造，到达月球表面后组装。这个阶段的月球基地主要有充气式和舱段式两种。

充气式结构是一种重要的基地形式，其特点是结构简单、建设快，适合于月球基地初期阶段，也适用于月球旅游。

美国私人毕格罗公司曾提出充气式月球基地的设想，目的是发展月球旅游，图2-2是该公司月球基地的模型。图2-3给出NASA建造的供测试研究用的充气式月球基地模块。图2-4是充气式月球基地设想图。

图2-2 充气式月球基地

图2-3 NASA建造的充气式月球基地模块

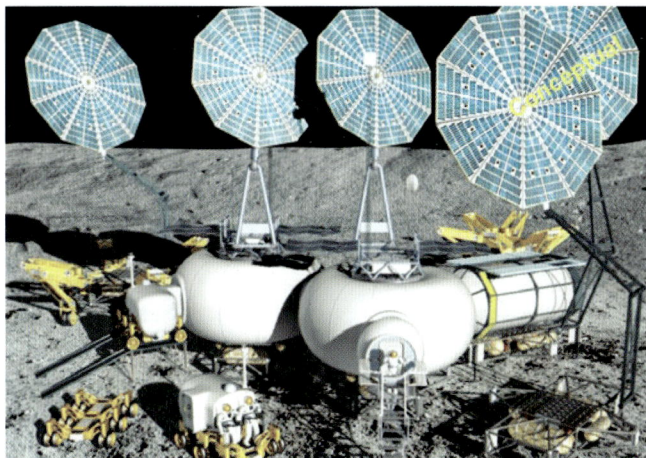

图2-4 充气式月球基地设想图

舱段式结构也是在地球上生产，运送到月面后组装。图2-5给出由两个可移动的模块组合在一起的较大基地。

图2-5 由两个可移动的模块组合在一起构成的较大基地

第二阶段：利用从地球运来的挖掘机械，建立地下或半地下的基地。

从便于辐射屏蔽的角度考虑，基地可以建在地下或半地下，利用月壤屏蔽辐射。图2-6给出计划建在南极沙克尔顿陨石坑底部的基地。图2-7

（a）给出计划建在南极马拉柏特山（Malapert）底部的基地。图2-7（b）给出马拉柏特山和沙克尔顿陨石坑在南极附近的位置。

图2-6 建在沙克尔顿陨石坑底部的基地

图2-7（a）建在南极马拉柏特山底部的基地

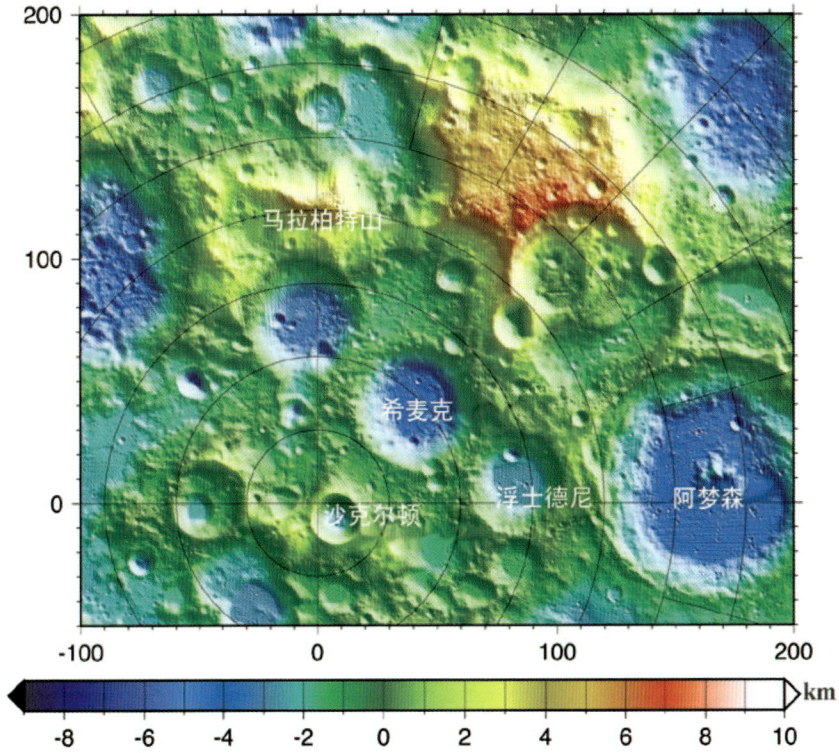

图2-7（b）马拉柏特山和沙克尔顿陨石坑在南极附近的位置

第三阶段：基地建设所需材料和航天员生活用品部分在地球生产，部分取自月球。这样，基地的规模会比较大，如图2-8所示。

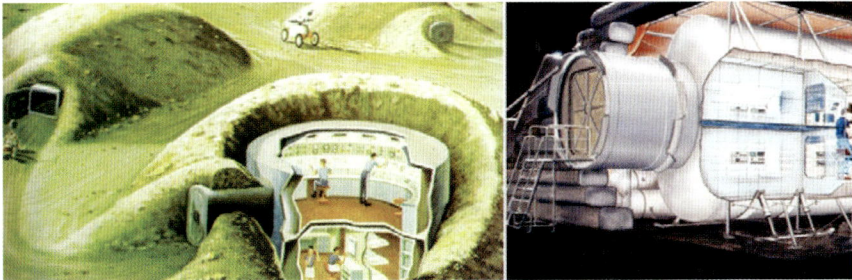

图2-8 规模较大的月球基地

1.4 功能类似空间站

月球基地与空间站类似之处有以下几个方面：

（1）建设过程类似。需要多次发射，现场组装，逐步扩大规模，逐步增加功能。

（2）功能类似。空间站是长期有人驻留的，航天员在空间站驻留期间可开展观天测地以及各种各样的科学实验活动。月球基地也是长期有人驻留的，而且随着基地规模的扩大和功能的完善，驻留的时间会更长。驻留在月球基地的航天员所开展的科学探索活动，远比在空间站上的内容广阔。驻留在月球基地的人员也会逐渐增多，从初始的几个人，逐步增加到几十人、几百人甚至几万人。

当然，月球基地远比空间站复杂，其技术难度也比建立空间站大得多，但其意义和给人类带来的政治、社会、经济、科学和技术效益也是难以估量的。

2. 月球基地面面观

2.1 再生环控的生命保障系统

月球基地生命保障系统的主要目标是保障乘员具有合适的生存和工作环境。系统的构成包括：

大气控制包括成分控制、温度和湿度控制、压强控制、大气再生和污染控制等，统称为环境控制与生命保障系统（ECLSS）。

水管理包括饮用水的供应、废水处理。

食品方面包括食品的生产和存储。

医学和安全方面，包括辐射屏蔽。

ECLSS科学和技术发展的有关问题见表2-2。

表2-2　CELSS科学和技术发展

领域	发展和设计问题
环境	材料选择、大气选择、重力选择、辐射屏蔽要求和方法、生态系统协调研究、污染和有毒物的化学分析与控制、照明要求、太阳反射器和滤波器
管理和控制	关键的生物学性能参数、生物学传感器、生物学稳定性判据的确定、CELSS管理和控制原理
农业	确定适合的庄稼种类、高产出和高营养植物的种植、最佳生长和收割技术、没有土壤情况下的植物生长、遗传变异的辐射效应、植物的强迫生长效应、光合作用效率、低重力环境下植物的内分泌活动、有毒性气体中植物的生长、动物的潜在利用
食品处理	食品处理、储存和放置的新概念，以减少设备和资源要求
膳食计划	人类的营养要求、基于废物转化的食品生产生态学、改进的食物防护和密封方法
废物处理	物理—化学处理，如矿物分离与排除、废物处理技术、空气处理技术、植物蒸发水的利用、废物的新陈代谢转换为营养物、微生物处理技术、化学分离方法、植物废物副产品循环

2.2　多种形式的热量调控

月球基地热控系统的基本任务是将居住场所的温度维持在人感到舒适的范围内。由于月球表面的日夜温差很大，热控是一个具有挑战性的问题。

根据热力学的基本原理，热传递有传导、对流和辐射三种方式。由于月球没有空气，月壤的热导率很低，辐射就成为主要的热传递形式。另外，物体还吸收外界（主要是太阳）的热量。一个物体的温度由该物体辐射出的热量和吸收的热量决定。

月球基地的热控制系统可分为被动热控制系统（PTCS）和主动热控制系统（ATCS）两种类型。

（1）被动热控制系统。

利用绝热物质减少月球基地设备对热量的吸收，也可以在设备外部加涂层材料，改变对入射热量的反射和吸收特性。

（2）主动热控制系统。

如果对热控制系统的温控效果要求较高，就需要采用主动热控制系统。所谓主动，意思是具有某种类型的流体循环环路，允许对流热输送以增强传导和辐射。ATCS由内部热控制系统（ITCS）、外部热控制系统（ETCS）以及两者之间的界面构成。内控系统的作用是调节机组人员居住区的温度，使其维持在合适的范围内。外控系统的任务是将来自内控系统的热量通过液体环路排放到外面。主要装置是各类热辐射器。

2.3 至关重要的能量存储

月球基地的电源系统可划分为两种基本类型：太阳能与核电源。除了直接使用这两种类型外，还包括各种类型的存储能源及辐射能源。这些电源系统以及实现方案如图2-9所示。

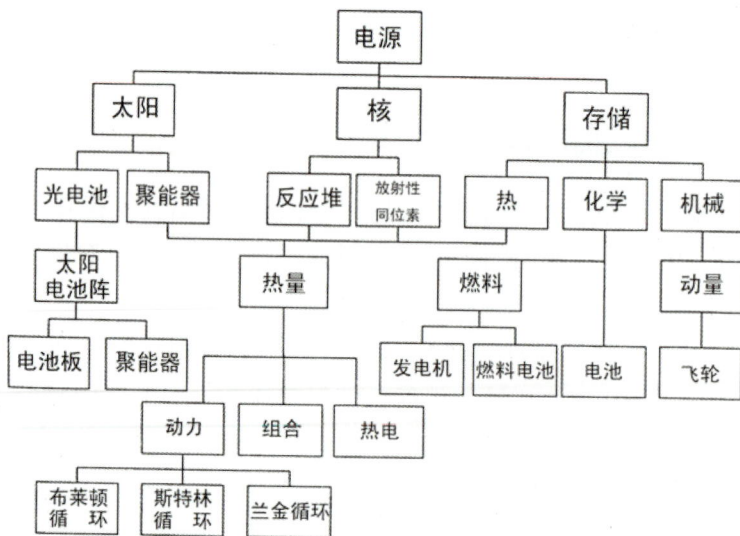

图2-9 电源转换方案

（1）太阳能电源系统。

包括光电池（PV）和太阳热系统两种类型。

光电池的主要优点是直接将太阳能转换为电能，目前在各类航天器上已经得到广泛的应用，技术比较成熟。应用在月球基地时，太阳能电池可以安装在月球车上，也可以固定在基地附近。图2-10和图2-11给出太阳能电池的不同安装结构。

图2-10 立在空中的太阳能电池

图2-11 安装在月面上的太阳能电池

太阳热系统包括热电偶和太阳动力系统两类。热电偶是广泛使用的一种热电转换装置，其优点是结构简单，缺点是热电转换效率低，一般在

5%~8%左右。

太阳动力系统（SD）的工作流程是先将太阳能聚集在热接收器上，然后将热量输送到热电转换器，后者将热能转换为电能。与PV技术相比，SD可获得较高的功率（>100 kW）。这种系统虽然还没有应用到空间技术中，但模拟空间条件证实系统转换效率为17%。

（2）核电源系统。

核电源主要有三种类型：放射性同位素电源、核反应堆以及核聚变电源。但在空间应用中，目前只有放射性同位素电源。

放射性同位素电源是利用放射性同位素在衰变过程中所释放出的热能，再把热能直接转化为电能的一套装置，故又可称为放射性同位素热电发生器（RTG）。RTG比功率高，寿命长，工作稳定可靠，环境适应能力强，便于空间活动使用。放射性同位素电源一个突出的优点就是不依赖阳光，在阴影周期性变化的地球轨道、具有漫长黑夜的月面（黑夜长达14天，温度从140℃下降到零下180℃）、离太阳很远因而阳光很弱的外层空间都能正常运行。图2-12的上图为RTG的内部结构，下图是用在卡西尼飞船上的RTG外形，是目前在飞船上最大的RTG。

图2-12 放射性同位素热电发生器

美国在过去的近40年中，共发射成功21艘载有RTG的航天器。其中8艘为不同类型的人造卫星，用于地球轨道飞行；5艘为登月飞船，用于"阿波罗"计划；8艘为星际探测器，用于外层行星探索。总计使用了38台RTG，其中未包括发射失败的3艘航天器携带的RTG。苏联也向空间发射过放射性同位素与电源（或热源）供卫星与月球车使用。近年来俄罗斯也在积极开发寿命更长的空间同位素电源。

目前同位素温差发电器制造工艺趋于成熟，早期采用过钋-210，后来绝大多数采用钚-238（半衰期87.7年）作为燃料，电功率范围为1～500 W，使用寿命达10年。热电转换效率为8%～10%，比功率已达到5 W/kg。近年来为了提高装置的热电转换效率，除继续改进静态同位素发电系统外，业已开始发展由"通用型热源组件"与"封闭的布莱顿循环"相结合的动态同位素发电系统（DIPS）。它所提供的电功率范围为1～10 W，热电转换效率达25%，可为众多现实和潜在的应用提供服务，如为军用卫星、星际探测、深空飞行、火星与月球越野车提供动力等。

放射性同位素空间电源目前的功率还较小，因而不断提高电源的热电转化效率是问题的关键。此外，空间应用的放射性同位素电源大多用钚-238作为热源燃料，用量较大，而且具有潜在的危害性，必须保证电源设计在火箭升空时承受各种空气力学冲击，即使在事故条件下，例如重返大气层，也不致造成放射性物质对地球生物圈的污染。

（3）核反应堆。

如果基地不设在极区，核反应堆能在长达大约14天的月夜提供电能。按照在地球的眼光，这种反应堆可能是微不足道的，只有40 kW。

图2-13顶部的板是辐射器，用于散去额外的热量。为了保护航天员免遭反应堆的辐射，反应堆要设置在距离基地一定距离之外，另外必须用月壤等材料屏蔽。

图2-13　月球基地用的核反应堆

（4）能量存储系统。

对月球基地来说，设计太阳能电源系统最困难的工程是为漫长黑夜的能量存储，但对核电源不存在这个问题。潜在的能量存储方案包括燃料电池、电池和飞轮等。

燃料电池是一种将氢和氧的化学能通过电极反应直接转换成电能的装置。这种装置的最大特点是由于反应过程中不涉及燃烧，因此其能量转换效率不受卡诺循环的限制，其能量转换率高达60%~80%，实际使用效率则是普通内燃机的2~3倍。另外，它还具有燃料多样化、排气干净、噪音低、对环境污染小、可靠性及维修性好等优点。"阿波罗"飞船和航天飞机中燃料电池的平均功率分别为1.42 kW和7.0 kW，电源的重量分别为110 kg和91 kg。

电池有可充电电池与非充电电池两种。

飞轮是一种机械能存储装置（见图2-14）。一个旋转盘或飞轮可存储能量的理论值与飞轮转动惯量成正比，与转动角速度的平方成正比。目前，商业化的飞轮系统可存储的能量密度为10~50 Wh/kg，发展中的飞轮系统能量密度可达100 Wh/kg。

图2-14 存储能量的飞轮

2.4　眼花缭乱的月面运输

月球基地运输系统的任务是货运飞船着陆后，将货物送到指定地点。另外还包括在月球表面有关地点之间的货物与航天员运输。基本设施包括月面着陆场和各类月球车。图2-15 是月面着陆场，一艘货运飞船即将着陆。图2-16是航天员从着陆舱卸货。货物卸下后，由月球车运送到指定地点。

图2-15 月面着陆场

图2-16 航天员从着陆舱卸货

　　与"阿波罗"月球车不同的是，月球基地的运输工具要运载矿物和货物等，因此要求有更大的运输能力。这样，对轮胎和车辆的设计以及所使用的材料都提出了新的要求。从类型上来说，应包括充压车和不充压车。航天员乘坐充压车旅行时，不用穿舱外航天服。乘不充压车须穿舱外航天服，这类车主要用于运送货物。图2-17给出两种月球车，左边是充压的，右边是不充压的。

图2-17 月球车

　　实际上，在建设月球基地的过程中，以及月球基地建成后，需要多种形式的月球车，例如运送建筑材料的、运送月球样品的以及运送航天员的月球车。图2-18给出建筑用运送材料的月球车，图2-19是NASA新研制的三种月球车。

图2-18　运送材料的月球车

图2-19（a）　NASA新研制的月球车

图2-19（b） NASA新研制的另一种月球车

图2-19（c） NASA新研制的可居住的月球车

2.5 功能齐全的实验设施

科学实验室是月球基地的重要组成部分。在实验室建成后，里面将配备从地球运送来的高级科学仪器，如矿物分析仪器、同位素分析仪器和就地资源开发与利用的实验设备等，许多科学实验就可以在月球表面进行。

2.6 初具规模的导航通信

在月球基地建设的初级阶段，导航和通信业初具规模。月面上设有2个通信终端，终端2是终端1的备份，可以直接将数据返回地球。月球中继卫星可将来自月球表面科考站、居住区以及月球车的数据传回地球。图2-20是整个通信系统示意图。

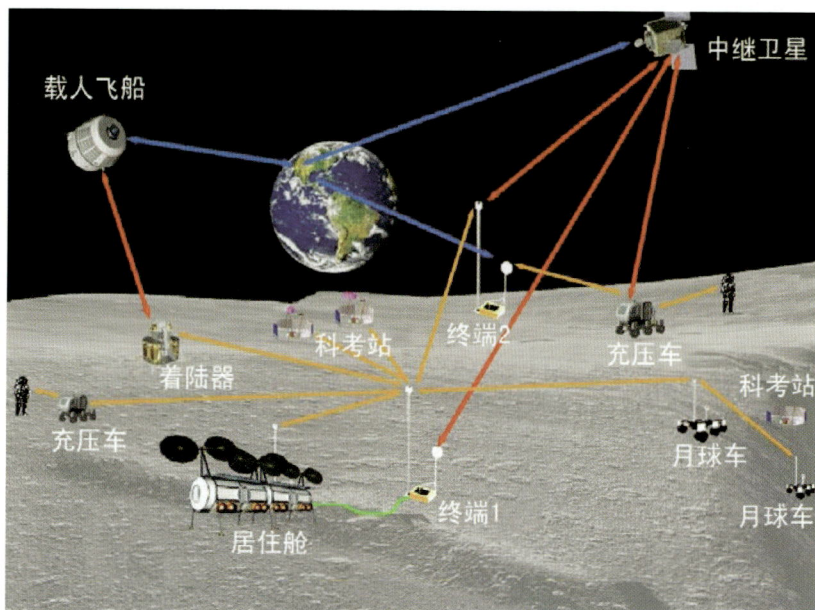

图2-20 月球基地的通信系统

第三章 高级月球基地

1．高级月球基地主要特征

1.1 规模宏大功能全

在月球基地建设的初级阶段，解决的主要问题是住、行、吃、喝、拉、撒、睡等基本问题，且主要的补给依靠地球提供。基地的规模也比较小，基础设施大都是临时性的，分布也比较零散。航天员在基地可以开展的科学探索活动有限，就地资源的开发利用还属于小规模的实验活动。

高级月球基地则是永久性的基地，主要特征是规模宏大、功能齐全。基地建设所需要的材料和设备，主要利用月球的资源生产制造。基地的基础设施相对集中，在月面上形成一个个月球村，这些月球村分布在全月面的各个角落。每个月球村都具有封闭循环的生态系统，日常生活所需要的物资主要通过月球就地资源开发利用解决。月球科学实验室规模大，技术先进，能从事多学科的科学实验活动；月球天文台已经具有相当大的规模，可在全波段实现空间天文观测；月面的运输系统已不是简单的月球车，而是建立起了磁悬浮高速铁路网；地月间的来往有定期航班；月球旅游已不是亿万富翁的专利，每年到月球旅行的人数将达数万；月球成为人类探索更远天体的基地和中转站；月球社会不断发展、壮大，人类将逐渐地将月球建成自己的第二故乡。下面概述一些高级月球基地的主要特点。

（1）建在南极陨石坑中的大型基地。

图3-1是建在南极陨石坑中的大型基地。基地中不仅有完善的生活设施，还有通信设备、化学处理设备、生产车间等。在南极建立基地的优势是长年有光照时间。

图3-1 建在南极陨石坑的大型基地

（2）月球村。

图3-2所示为一月球村。"居民楼"很集中，村中有一些公用设施，如通信设施、物资存储设施以及公共文化体育设施等。

图3-2 月球村

（3）用特殊屏蔽材料建造的月球基地。

图3-3给出的月球基地具有多种形式的建筑结构。右上角有建于地下的基地，圜丘形是充气式建筑。右下角的建筑使用了特殊的多层屏蔽材料。

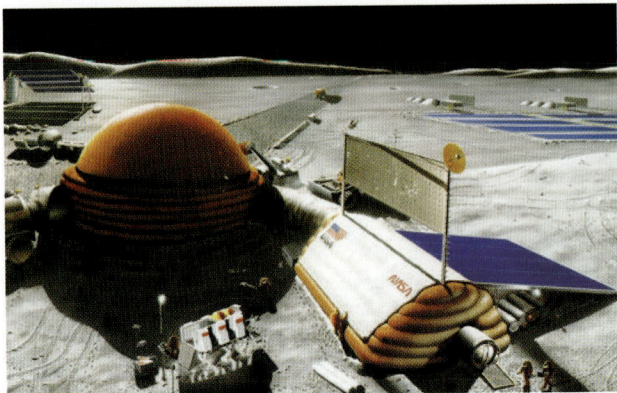

图3-3 用特殊屏蔽材料建造的月球基地

（4）建在熔岩管内的基地。

图3-4是建在熔岩管内的基地。由于有厚重的月壤屏蔽，屏蔽性能好。

图3-4 建在熔岩管内的基地

（5）生活和工作设施俱全的高级基地。

图3-5给出的高级月球基地，生活、娱乐和工作设施齐全。

图3-5 生活和工作设施俱全的高级月球基地

（6）具有大面积植物种植的基地。

图3-6所示的基地，种植了大面积植物，而且交通发达，具有多种建筑形式。

图3-6 具有大面积植物的基地

（7）充分利用就地资源。

图3-7所示的月球基地是建在南极陨石坑，人们可充分利用陨石坑中的水和挥发物资源，生产火箭燃料，就近发射火箭。在圜丘形屋顶上循环流动的水可以屏蔽辐射。

图3-7 建在南极陨石坑内的大型月球基地

（8）集生活与实验室为一体的基地（见图3-8）。

图3-8 集生活与实验室为一体的基地

1.2　草木结合似花园

人类在月球上长期生存遇到的一个重要挑战，就是就地解决食物问题，首先要在月球上种植植物。根据在国际空间站上的实验，只要有水和必要的营养，植物可以在微重力条件下生长。由此我们可以推断，1/6重力环境不会是植物生长的障碍，关键还是水、空气、营养物质、阳光及合适的温度范围。

在月球上种植植物将经历以下历程：

（1）月球微型温室。

目前，人类已经掌握了利用微型温室在月球上种植开花蔬菜的技术，但需要在月球表面进行检验。目前选择了一种生命力极强的十字花科芸薹属植物的芥菜种子。在地球上这种植物从种植到开花只需要14天，而月球上的半天相当于地球上的14天，这就意味着这种植物在月球上经历一个夜晚就可以完成自己的生命循环。将这类种子带到月球后，保持足够的光照时间，并注意防止强的辐射，人们可看到开花蔬菜在月球生长的情况，最终实现在月球上种植粮食作物。图3-9是原始型月球温室。

图3-9 原始型月球温室

（2）改造月球土壤，使之适合植物生长。

如果未来月球基地上的居民要享用到新鲜蔬菜和水果，当然不能依靠微型温室，必须利用微型温室所取得的成果在月球上建设超大规模的温室。但是，新的问题出现了，植物赖以生存的土壤和水从哪里来，月球上并没有适合植物生长的土壤和水。如果从地球上运输土壤和水，还不如直接运输食物合算。

目前，国外许多科学家正在加紧研究，希望能够改造月球土壤。研究人员发现，在月壤中加入不同细菌，可以让月壤得到改良，使得地球上的植物在那里茂密地生长。月壤中存在多种矿物成分，包括铁、钙、镁、磷等元素，在那里生长的植物完全可以为月球移民的健康提供保障。而全封闭的月球基地如果能够种植植物，人类赖以生存的氧气也就随之出现了。至于人类和植物需要的水分，也可以从月壤中提取。

目前，这项研究还限于在地面上进行。研究人员利用一种与月壤成分非常相似的钙长石土壤尝试种植郁金香。开始的时候，郁金香的长势不是很好，直到研究人员将不同种类的细菌加入到土壤中后，郁金香才变得茂盛起来。这些细菌似乎可以产生植物所需要的养分，比如钾元素。此外，细菌还能够忍耐一些极端环境，因此这是一种改造月壤、实现在月球上种菜的理想方式。这项研究若能在月球上展开，则更具有实用性。

图3-10所示的球形基地可以种植植物和饲养小动物，可供6~12人居住。分配到不同系统的容积是精心考虑的，最重的设备，如环境控制设备，以及乘员停留时间最长的区域如睡眠室位于基地的最底部，月球样品分析、水液培养植物和小动物生长的区域位于中部。

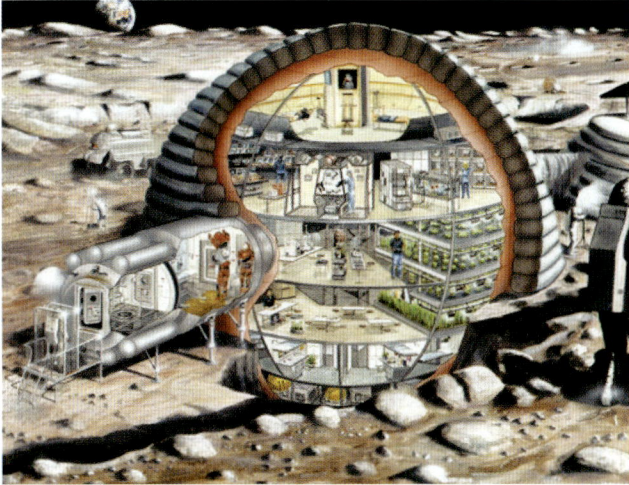

图3-10　集种植和生活为一体的月球基地

（3）建立大规模的植物工厂。

在月壤的改造取得突破性的成果后，可以在月球各地建立较大规模的温室（见图3-11），并逐步建立大规模的植物工厂，不仅能满足航天员食物需求，还可以局部改善月球环境，使生命保障系统的质量得到很大提高。到那时，月球基地将出现花草树木随处可见的景象（见图3-12）。

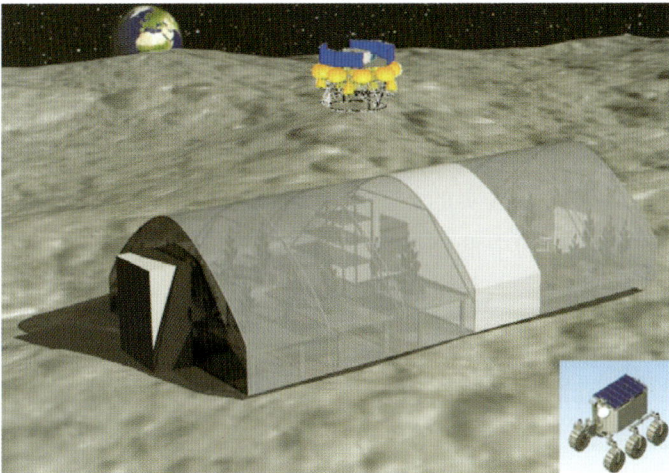

图3-11 较大规模的月球温室

图3-12 月球花园

1.3　月球成为太空港

月球是距离地球最近的较大天体。如果我们将太空比作大海，月球就是离大陆最近的岛屿。为了探索浩瀚大海的秘密，将离大陆最近的岛屿作为中转站、技术验证基地、给养补充基地，是非常合适的。

因此，在月球基地进入高级阶段后，往返于地月之间的航天器将明显增多，月球将成为名副其实的太空港。运载火箭发射场将遍布于月球表面的典型区域，如近边的中低纬地区和极区，远边的艾特肯盆地、中高纬的平坦地区等。

不仅地月运输繁忙，进出月球的还有飞往其他天体的飞船。此外，为这些飞船提供推进剂和给养，也是月球太空港的重要任务之一。可以想象未来这个太空港繁忙的景象。图3-13是月面火箭发射场情景，图3-14是货运飞船着陆的情景。

图3-13 月面火箭发射场

图3-14 货运飞船着陆

1.4 全球遍布科考站

建立月球基地的一个重要目的是对月球进行全方位科学考察，以破解月球和内太阳系天体起源和演变的秘密。月球基地进入高级阶段后，为科学考察创造了极好的条件，使许多在过去无法开展的科考活动可以顺利进行。例如，深入考察熔岩管内部的结构；对南极陨石坑底部的挥发物成分进行深入的实地测量；对各类陨石坑形成年龄进行准确测量，然后给出陨石坑数目随年代的分布等。图3-15和图3-16分别是航天员在月面上进行钻探取样和就地分析样品的情景。

图3-15 钻探取样

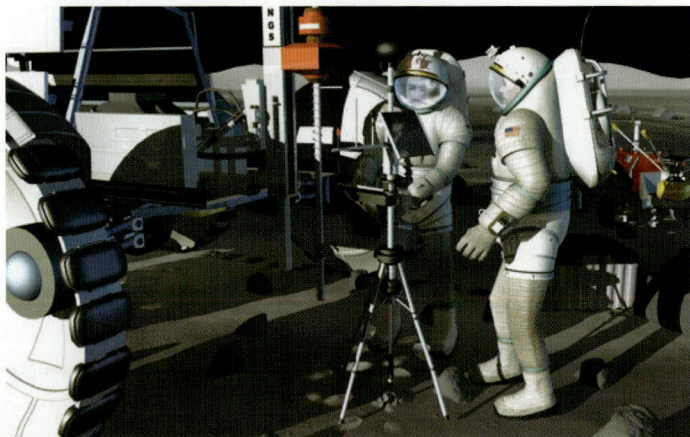

图3-16 分析样品

2．月面交通运输

2.1　月球车各具特色

从短途运输的角度看，月球车在月球基地建设的任何阶段都是重要的交通工具。随着基地建设的进展，对月球车将提出新的要求。例如，需要开展大规模的基础设施建设，要开采矿石，建设水源厂、氧气供应基地、食品供应基地，这就要求月球车具有更大的运载能力；能适应运输多种类型的物质，如月壤、矿石和机械部件；要求月球车能跨越小的陨石坑，能在较松软的月面行驶；还要求月球车具有更大的太阳能电池，以便提供更大的动力。对于载人的月球车，还要求有完备的生命保障系统。根据这些要求，国外许多研究机构提出了未来月球车的设想，图3-17为一些典型设计的示意图。

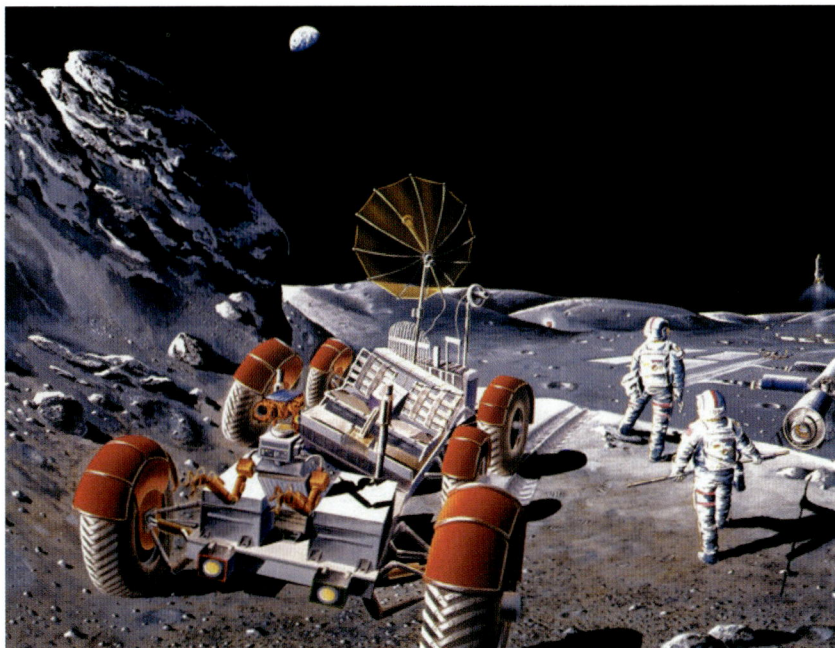

图3-17（a）　带有通信设备的月球车

图3-17（b） 能飞的月球车

图3-17（c） 运送月壤的月球车

图3-17（d）　能自动铺路的月球车

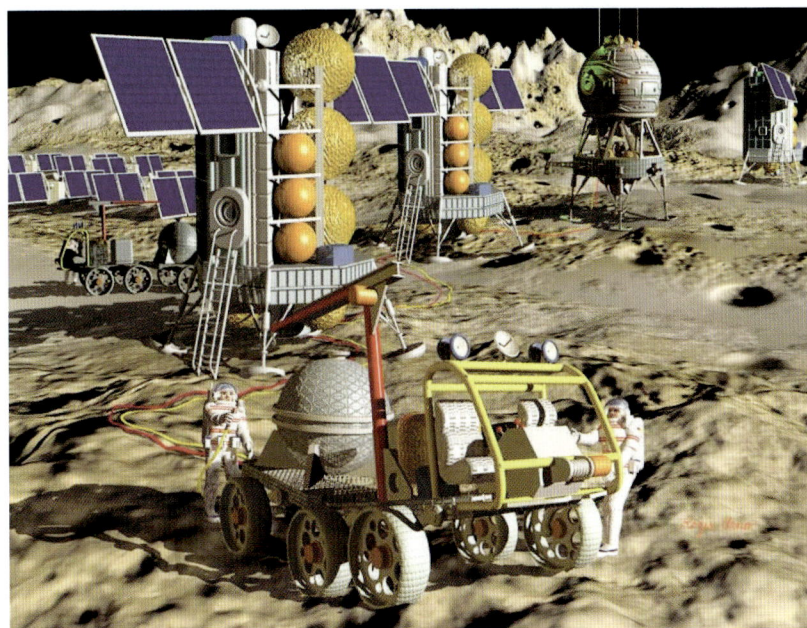

图3-17（e）　封闭和露天两用的月球车

2.2　索道车极区运行

月球基地的高级阶段，近距离的运输主要依靠多功能的月球车。在一些特殊的地区，如南极地区，山高坑深，月球车无法运行。在这些地区将大量使用索道运输，这种方式既可以运送人员，也可以运送货物。由于月球的重力加速度只有地球的1/6，因此对索道的强度要求比地球的低。图3-18是南极地区索道的示意图。

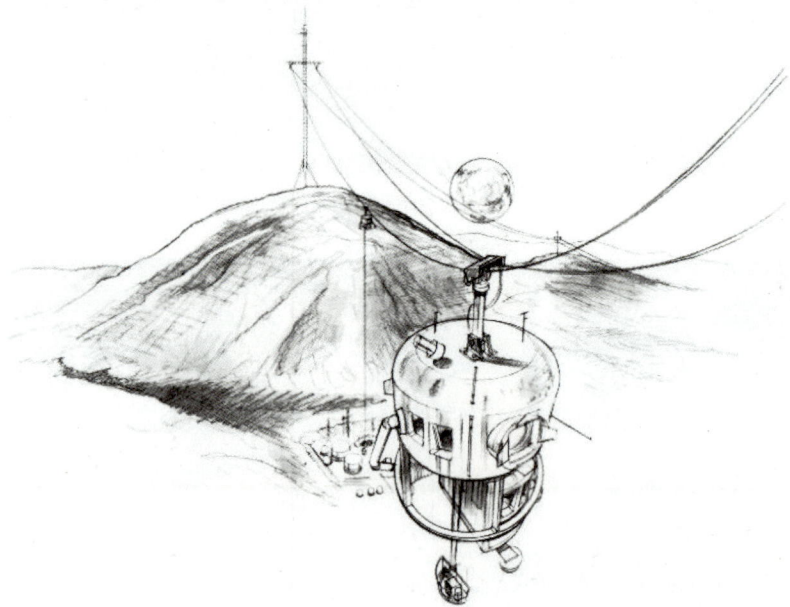

图3-18 南极地区的索道

2.3　磁悬浮遍及全月球

由于月球陨石坑的密度极大，这就给长途运输带来了困难，月球车难以承担长途运输任务。在月球基地的高级阶段，月球表面将形成铁路网，而且使用磁悬浮列车。由于月球上没有空气阻力，磁悬浮的效率更高，速度将达到1 km/s。如图3-19所示为在月球表面上运行的磁悬浮列车。

如果铁路线沿月球的圆周排列，则可以出现太阳同步列车的情况。在

这种情况中，列车沿月球的圆周西向行驶，运动速度与月球自转率相同，这样可以保持列车与太阳的照射角稳定。例如，如果在南纬85°，列车的速度为1.4 km/s，则太阳在列车上方以恒定的角照射。如果列车沿赤道西向运行，则要求车速为16 km/s。

　　太阳同步列车的一个应用是发展一种温室列车，这种列车常年受到阳光照射，有利于在列车上种植植物。如图3-20所示为一种太阳同步列车。

　　如果磁悬浮线路从南极沿着345°子午圈通向北极，对月球环境的破坏是最小的。因为这条线路的大部分地区是平坦的月海，又在月球的近边，如图3-21所示。

图3-19 月球表面的磁悬浮列车

图3-20 太阳同步列车

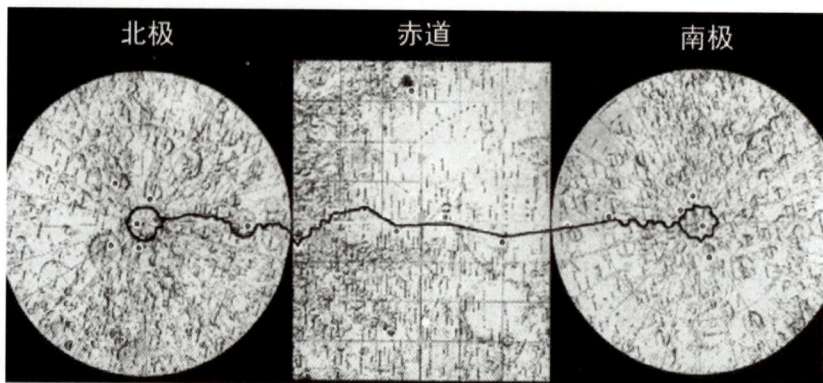

图3-21 沿345°子午圈的铁路

2.4 特殊点轨道系绳

系绳的工作原理是能量守恒。如果在低月球轨道上的卫星通过一条长的系绳携带一个负载，则负载所获得的能量就是卫星和系绳系统所减少的能量。由于月球卫星的轨道可以比较低，又没有大气阻力和风的作用，因此用这种方法可将货物降落到准确的位置，特别是用其他运输方式难以到达的地点。图3-22给出了系统的工作示意图。

3. 月球太空电梯

3.1 未来开发盼望天梯

电梯是我们日常生活中最方便的工具之一，不管是多高的楼房，一按电钮，就可以瞬间到达指定的楼层。

由高楼电梯人们联想到"天梯"，能不能在太空找到一个支撑点，从这个支撑点放下一条绳

图3-22 轨道系绳运送货物

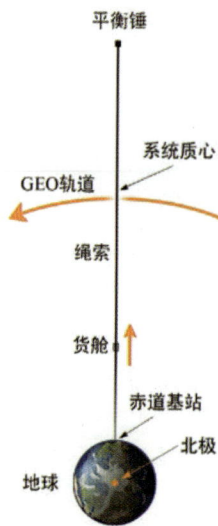

图3-23 太空电梯结构示意图

索，然后将需要送入太空的物资沿这条绳子爬上去呢？要将这个想法变为现实，显然需要解决几个关键问题：一是支撑点，二是结实而又极轻的绳索，三是使物资爬上去的动力。在这种想法的支配下，诞生了太空电梯的概念。

太空电梯又名天梯，是一种低成本地将有效载荷从地球或其他星球的表面运输到空间的一种形式。太空电梯由几个部分组成，图3-23为示意图。

平衡锤：平衡锤是一个比较重的物体，放置于同步轨道上方。

缆绳：缆绳是一条十分长且结实的绳子，上粗下细，用于连接地面与平衡锤。

货舱：货舱用于装载货物，它可以顺着缆绳在空间和地面之间上下移动。

地面基站：地面基站用于将缆绳固定在地面上，并为货舱的移动提供能源，能量通过激光等形式传送到货舱。

太空电梯的概念早在100多年前就提出来了，但从技术的角度分析这个问题，始于20世纪70年代。目前与实际应用仍有很大的差距，因为太空电梯面对许多技术挑战，如制造缆绳的材料、怎样为货舱提供动力以及安全性等。

对于建造在地球上的太空电梯，平衡锤必须位于距离地面约36 000 km的上空，使用36 000 km长的缆绳与地面连接。这种缆绳必须十分结实，目前已经发现的材料中，只有碳纳米管可以胜任。直径1 mm的碳纳米绳可以承载60 t重量，然而这种材料每克价值500美元，要制造一条100 000 km长的缆绳，超过任何国家政府机构的财力。

太空电梯在运行时，若遇到风暴、微流星体和太空碎片的威胁，如何保障安全是一个大问题。

至于为货舱提供动力，目前已经提出一些解决办法，如用来自地面的强激光束提供能量。美国NASA近年来一直非常重视太空电梯研究，并将建造太空电梯列为"百年挑战"计划的一部分。从2005年开始，NASA还发起了机器人攀爬缆绳竞赛和测试缆绳强度竞赛。在2009年9月的一场比赛中，

一架直升机在千米高空盘旋飞行，从直升机上垂下一根用来比赛的钢缆。一家公司使用激光能，成功地让一个机器人在几分钟时间内沿这根钢缆爬了900 m的高度，从而一举赢得了该年度的"NASA太空电梯光束动力挑战赛"大奖。由此可以看出，经过人类的不懈努力，相信在不远的将来可以解决这些技术难题。

既然太空电梯要面对许多技术挑战，人类为什么还锲而不舍地研究这种电梯呢？最重要的原因是太空电梯的运输成本低。传统的运载推力巨大，但在火箭发射时，绝大多数重量是火箭燃料。以美国的航天飞机为例，发现号航天飞机起飞前总重2 030 t，其中外挂燃料箱（包括里面的液氢和液氧）重756 t，固体助推火箭每枚重571 t（共2枚），而航天飞机的有效载荷只有25 t左右。

太空电梯可以用来将人和货物从地面运送到太空站，而且，太空电梯还可用作一个发射系统，因为太空电梯被地球带动旋转，而越高的地方速度越快，所以将飞船从地面运送到大气层外足够高的地方，只要一点加速度就可以起航了。图3-24是NASA设计的太空电梯。

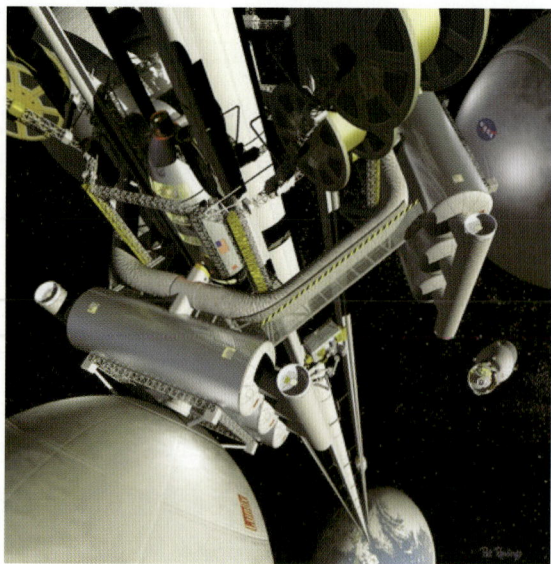

图 3-24 NASA设计的太空电梯

如果将太空电梯的概念运用在月球，则实现的技术难度会小很多，因为月球的重力加速度只有地球的1/6。另外，月球没有大气层，因此没有阻力、没有飓风。如果建立月球太空电梯，系统质心的位置选在地月系统第一拉格朗日点最合适。

3.2 地点选在拉格朗日

我们知道，地球在太阳的引力下做圆周运动，月球在地球的引力作用下做圆周运动。利用万有引力公式和做圆周运动所需的向心力公式，就可以定量地确定地球和月球的轨道。但是，如果相互作用的不是两个物体，而是三个物体，如一颗卫星在地球和月球之间运动，这颗卫星既受地球的引力，又受月球的引力，那么，这颗卫星将怎样运动呢？一般情况下，这个问题相当复杂，难以求解，但在一些特殊情况下，也是可以确定卫星的运动状态的。这个特殊条件是卫星比地球小很多，比月球也小很多。在实际情况中，这个条件是容易满足的。满足这个条件的问题在物理学中称为限制性三体问题。法国数学家拉格朗日早在200多年前就已经证明，在由两个大天体构成的系统中，存在5个点，位于这5个点的小天体相对于两个大天体基本保持静止。在地球和月球系统的5个拉格朗日点位置如图3-25所示。L_1的位置在地月之间，距离月球中心58 021 ± 3 183 km；L_2在地球与月球的连线上，位于月球的外面，距离月球中心64 517 ± 3 539 km，位置变化的原因是月球轨道不是圆形的，而是偏心率为0.055的椭圆。

月球电梯的平衡点选在L_1最合适，因为该点位于地月之间，相对于地球和月球的位置不变（见图3-25）。

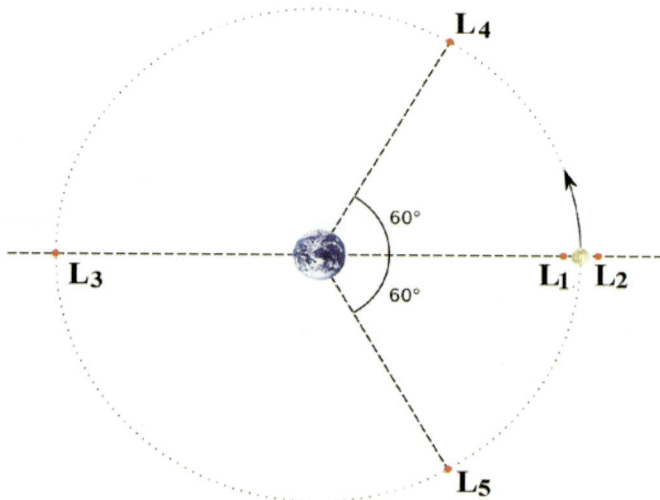

图3-25 地月系统的5个拉格朗日点

3.3 地月运输重要途径

月球空间电梯将是促进地月空间运输发展的革命性的方法。将月球空间电梯的概念与太阳能供电的机器人爬升工具组合，这个系统可用于提取月球资源，将月球物资送入高地球轨道。月球空间电梯也为地球轨道和月球之间提供了一条"高速公路"，可以方便地将月球产品送到地球轨道，将各种物质供应从地球轨道送到月球基地。

这些空间电梯也支持发展近边的月海资源、支持在远边的空间天文观测。由于远边远离地球的各种电磁干扰，因此是理想的射电天文观测场所。

极区对月球资源开发和利用也是很重要的。克莱门汀卫星和月球观测者卫星都显示月球极区陨石坑可能含有水冰。

火箭推进剂对于地月空间运输来说是重要资源。在月球极区附近的山峰可受到阳光的永久照射，允许连续产生太阳能，这对位于极区的月球基地来说是非常有利的条件。

　　为了到达极区，空间电梯必须有不同的形式——非垂直部件，偏离赤道地区，指向极区，将极区资源与输运系统连接起来。而可达到的最高纬度将受材料强度的限制，目前已经在理论上论证了这个问题。

　　图3-26艺术地展现了月球空间电梯系统，背景是月面地形图。该系统由月球结构系统、月球空间电梯系统和地月传输系统等三个系统构成。月球结构系统包括月球表面的有轨车道和矿物存储区。空间电梯系统包括平衡点位于地月L_1拉格朗日点的空间电梯、电梯绳索和机器人爬升工具。地月传输系统的作用是：携带矿物和推进剂沿着月面有轨车道和向上的绳索到达L_1平衡点以外的地方。在电梯的顶部，负载被释放到地球轨道，以便建造太空综合体以及为离开地球轨道飞船提供推进剂。另外，来自地球轨道的负载可由等离子体火箭推进到逆向的椭圆轨道，然后与月球空间电梯交会，再将这些负载送到月球表面。

　　月球空间电梯将革新地月空间操作的方式，可能成为促进月球基地建设和月球资源开发利用的关键因素，因为这种电梯具有以下特性：

　　在地球轨道提供月球材料，其成本至少低于从地球表面发射；

　　在地球轨道能无限制地提供结构材料；

　　对月球基地提供连续的供应；

　　为机器人月球建设和发展提供一个新的典范；

　　支持在远边的空间天文观测。

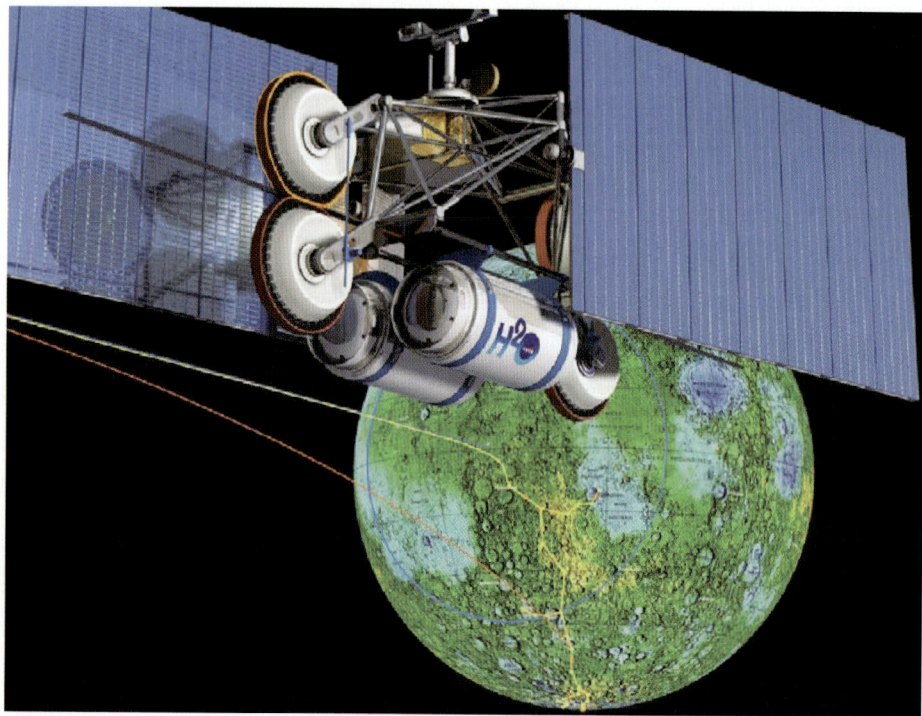

图3-26 月球空间电梯系统

　　目前认为有两种类型的月球空间电梯可以采用，它们的平衡点分别位于L_1和 L_2点（见图3-27）。位于L_1点的空间电梯容易建造，而且在地面一直可见，而位于L_2点的空间电梯对于将物资发射到地球和月球轨道更有利。图3-27中的HEO指高地球轨道。

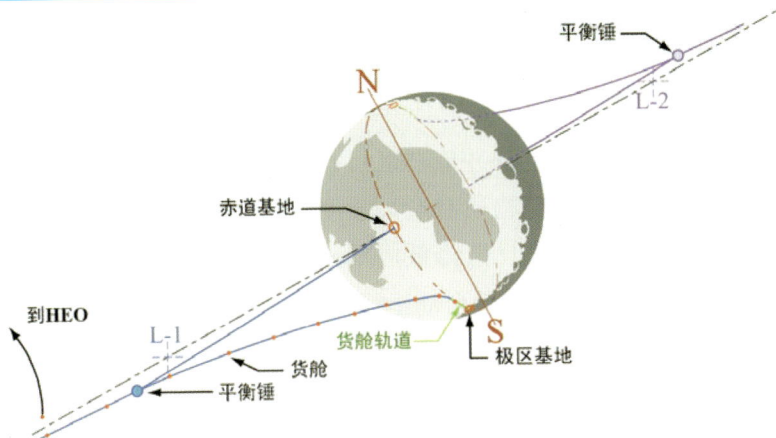

图3-27 围绕L₁和L₂的月球空间电梯

爬升器在绳索上的速度是一个关键参数，因为它决定了系统的最大运输通量。爬升速度由绳索的尺寸限制，因为绳索的最大宽度要求爬升器滚动时夹紧绳索，但又不能引起过度的张力和磨损。根据目前在地球上的试验，最大爬升速度可达55 m/s 。

目前机器人爬升器的概念如图3-28所示，这个爬升器的质量为540 kg。

图 3-28 爬升器

3.4 前途依赖四大因素

为了建设月球空间电梯并成功运行，应当强调某些关键技术，这些关键技术之一就是利用月球物质制造高强度绳索。第二项技术是在月球表面使用机器人进行电梯操作，以降低成本。第三项技术是月球电梯本身的动力学和控制。最后一个问题是自动运行，降低对人类操作的要求。

（1）高级材料。

电梯绳索的强度/密度比是电梯设计的基本参数，这个比值越高，系统的成本会越低。从现在技术发展的情况看，碳纳米管可能满足这个高比值要求。目前在地球上已经研制成功高性能的碳纳米管（见图3-29），今后的问题主要是如何利用月球上的资源制造这种绳索。

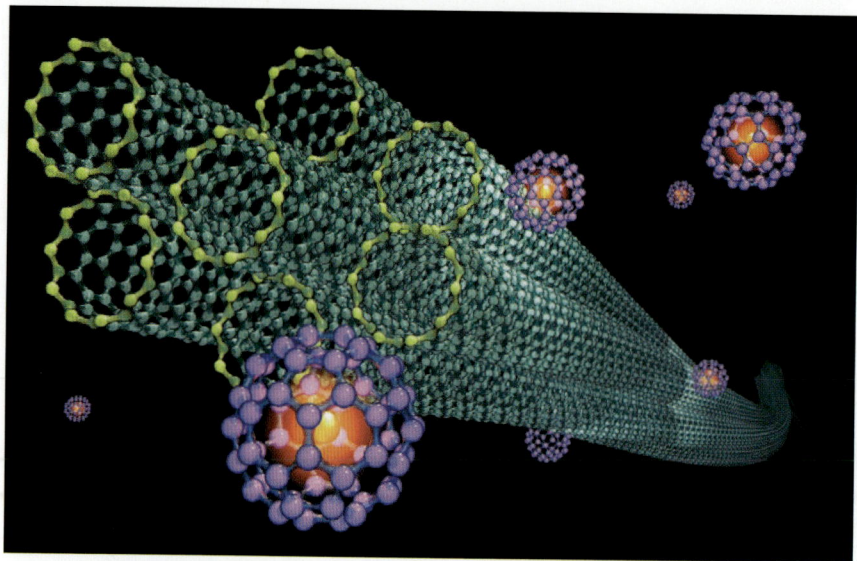

图3-29 碳纳米管的结构

（2）利用月球资源制造的机械结构。

建立和运行月球空间电梯，有许多操作需要在月球表面进行。例如，在月球极区附近提取冰，探索其他矿物储量，建立月球电站等。

为了尽可能地降低成本，需要使用机器人和遥控操作设备。特别是在月球表面就地利用资源制造相应的机械设备，将是月球空间电梯能否投入实际运行的关键。

（3）动力学和控制。

月球电梯恐怕是在轨道上建设的最长的结构，建设这样长的结构，必须注意几个动力学问题。例如因极长结构引起的低频振动、月球轨道偏心引起的强迫振动、由爬升器运动产生的行波，还有因太阳引力效应产生的震荡。对这些波动和震荡应当认真加以分析。

解决这些动力学问题要求使用主动控制的方法。在 L_1 点或月球表面采用主动阻尼措施吸收行波，也可以改变爬升器的速度来提供主动阻尼。

（4）自动运行。

月球空间电梯的制造和运行涉及方方面面，如采矿、电源、轨道交通、爬升器、释放负载等。这些方面只有自动运行，才能有效地降低成本。

4．通信与定位

4.1 全天时运行信息海量

在月球基地的高级阶段，对通信与定位提出了更高的要求，这是因为：

（1）常住月球的人口增多，通信业务自然繁忙。

（2）铁路建设、矿山开采和其他就地资源利用，都离不开卫星定位。

（3）月球基地数量急剧增加，每个基地内部通信、基地之间的通信业务也越加繁忙。

（4）科学探索活动增加，获得的科学数据急剧增加，使得通信量增大。

（5）来月球旅行的人数增加，在每个基地都要增加娱乐节目，这就需要接受来自地球各地区、各个国家的各类节目。

（6）科考人员在月球上进行科学研究时，需随时查阅各种科技文献，因此国际互联网应容量大、速度快。

4.2 全月面通信

由于月球基地遍及全月面，因此，仅凭一颗中继卫星无法实现全月面与地球的通信，必须在地月系第一和第二拉格朗日点上设置中继卫星，同时设月球轨道中继卫星、地球同步轨道中继卫星链，才能满足需要。整个系统如图3-30所示。

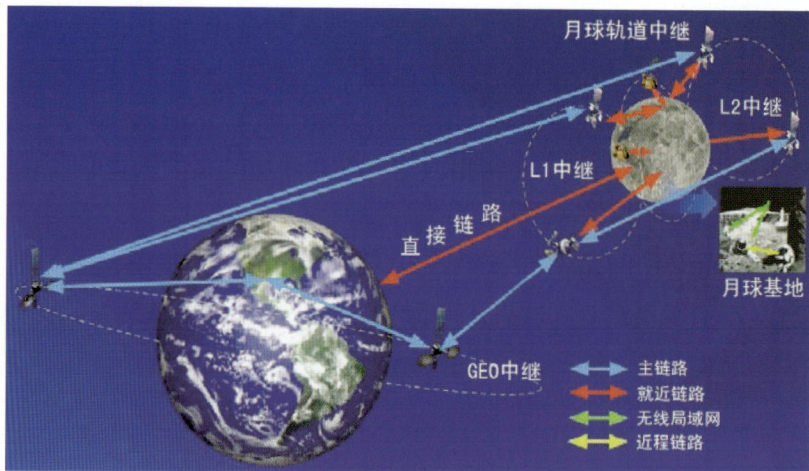

图3-30 月面及地月通信系统

5. 月球经济

5.1 商业活动进月球

随着月球基地建设的深入发展，商业活动将涌入月球。事实上，在当今就已经显现出月球探测中的商业信息。如美国的比格罗公司早已宣布要在月球建立充气式月球基地，还有的公司计划在月球建立旅馆，谷歌公司正在开展谷歌月球大奖赛。但这些活动目前在人类探索月球的整个事业中，所占的比重及影响还很小。

在月球基地的高级阶段，更多的商业活动将涌入月球。包括一些国家

和国际科学组织直接资助月球基地建设，许多公司将在月球基地建设中投资。

随着更多的国家在月球建立基地，常住月球的人口将大幅度增加，为这些人员服务的商业活动将随之兴起，如日用品供应、月面交通、月面旅游、医疗和保险等。

月球基地建设本身就充满商机。月球基地所用材料和部件数量大、种类多，一个公司或一个国家难以全部生产这些材料和部件，所以各国和各公司之间，可以进行商品贸易或交换。可以预言，月球基地的建设将为有实力的公司带来巨大的发展机遇。可能的商业活动包括：

（1）遥感地球和小星星以便寻找矿物和贵重物质，遥感地球的环境，监测地球的天气，研究大气污染状态。可在月球上制造卫星，并将其送入低地球轨道。由于制造成本低，可以推动月球上的卫星制造业。

（2）在高真空与低重力环境下的医学研究。月球环境对大面积损伤的医学处理、器官的生长、免疫力系统研究、药物的研究与生产具有很大的优势。

（3）材料研究主要集中在制造单晶部件方面，如玻璃和陶瓷，可以生产高质量的光学部件。

（4）流星体或小行星物质的利用是月球经济研究的重要内容。大量的氦-3可作为核聚变的原料，氧和氢可用于合成液体火箭推进剂。

（5）月球由于没有大气层的屏蔽，因此太阳能资源丰富。电池板放在月球表面，50%~60%的电池板可受到太阳照射，产生的太阳能将超过月球基地早期的需求，可以通过轨道器转换发送到地球。

（6）在低重力和高真空环境下独特的化学反应和混合过程研究。

（7）电路板和芯片制造是月球制造业的重要组成部分，因为可以利用月球的高真空和低重力环境。在这个基础上，为低地球轨道卫星生产电子学部件。

（8）月球对于需要低温或高温过程制造特殊材料来说是理想场所。

（9）制造理想物质的高真空处理基地。

（10）在月球背面适合于天文学研究，因为那里没有来自地球的各种

噪音。

（11）在月球上可以利用遥控望远镜跟踪近地小行星。

（12）月球环境下的生理学和心理学研究。

（13）利用月球上的人工设备种植植物，满足生活在月球上人类的食物需要。

（14）在月球上建立花园和旅馆，满足人们到月球旅游的需求。

（15）需要为喜欢体验新领域和新环境的艺术家建立相应的设施。艺术家总是探索新大陆人群的一部分，特别是在太阳系中的"新世界"被"殖民"的时候。

（16）竞技体育在低重力环境下将重新定义。在低重力环境下，人体的动力功能和体育活动会发生显著的变化，需要发展完全新型的体育活动项目。

（17）发展月球上的教育和研究设施。当月球基地发展到一定规模时，预期行星科学家、医学家以及各学科的学者将在月球实验室定居，这些科学家将需要支持他们生活和工作的基础设施。

（18）各种设施的管理将产生许多新的就业机会。例如在月球表面的各种飞船发射、月球基地的管理等都需要大批专家。

（19）月球上的各种活动的支撑服务将由私人公司运行，包括生产食品、设备维修、废物处理和医疗服务等。

5.2　电力公司是先锋

基地建设、基地所有工作的正常运行以及日常生活都离不开电。因此，电力公司很可能是最早在月球进行商业运营的公司。

使用最普遍的电源是太阳能电池，日本一家公司提出了环绕月球赤道铺设太阳能电池板的设想，如图3-31所示。

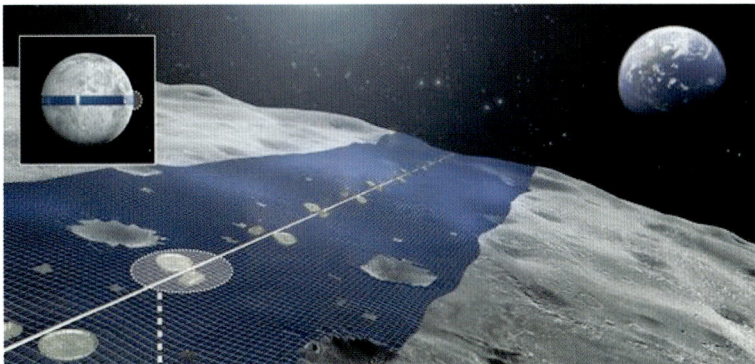

图3-31 环绕月球赤道的太阳能电池板

一般来说，维持日常的生活，太阳能电池就能满足要求。但是，如果开展多学科的科学试验、建设高级基地、开发和利用月球资源，光是太阳能电池无法满足需要。为解决电力供应的问题，需要在月面建设核电站。有了核电站，就可以满足多个基地的电力需求。

5.3　建筑、化工成产业

在月球基地建设的高级阶段，基地建设所需的材料数量大、品种多，不可能靠从地球运输，只能是就地取材。因此，建筑材料将在月球形成巨大的产业。这些材料包括金属材料和非金属材料。金属材料还涉及采矿、冶炼、产品加工等许多行业。由此可见，建筑材料产业将成为月球经济的支柱产业。

在建材发展的同时，化工也将蓬勃发展，利用月球上的丰富资源，生产出丰富多彩的化工产品，以满足月球居民的生活需要。图3-32显示了月球化工厂，图3-33则描绘了月球基地生产和生活的繁荣景象。

图3-32 月球化工厂

图3-33　月球基地的繁荣景象

5.4　月球经济渐繁荣

随着月球基地的发展，月球经济将日渐繁荣。制造业、旅游业、商业

和服务业，都将随月球基地的发展而兴旺。月球上将逐步建立起区域组织或国际组织，对月球社会进行管理。而随着这些管理机构的日趋完善，又将进一步推动月球经济的发展。

预计对月球经济发展具有里程碑意义的事件是：

（1）建立第一个永久性的月球基地。

（2）在月面生产出第一块太阳能电池。

（3）从月壤中提取出氧。

（4）以月球矿物为原料生产出铁。

（5）生产出第一块透镜和反射镜。

（6）到达南极/北极的第一人。

（7）在月球上操作第一架望远镜。

（8）人类第一次在月球背面着陆。

（9）成立第一个月球管理机构。

（10）月面上生产的电力达到兆瓦的水平。

（11）为月球铁路生产出第一条铁轨。

（12）月球火车正式运营。

（13）成功种植可为人类提供食物的植物。

（14）月球上第一代动物诞生。

（15）沿着月球赤道绕行月球一圈的第一人。

（16）第一个质量抛射器成功运行，并从月面发射第一艘飞船。

（17）月球上诞生第一个婴儿。

（18）月球人口达到100、1 000、10 000、100 000……

第四章 月球资源利用

1．月球资源

月球资源包括蕴藏丰富的矿物资源、月壤、极区的挥发性物资、极区陨石坑内的水冰资源等，图4–1概括了这些资源的构成。本章将重点介绍钛铁矿资源、稀土资源、氦–3资源和氧资源。

钛铁矿 - 15%
$FeO·TiO_2$ (98.5%)
辉石类 - 50%
$CaO·SiO_2$ (36.7%)
$MgO·SiO_2$ (29.2%)
$FeO·SiO_2$ (17.6%)
$Al_2O_3·SiO_2$ (9.6%)
$TiO_2·SiO_2$ (6.9%)
橄榄石 - 15%
$2MgO·SiO_2$ (56.6%)
$2FeO·SiO_2$ (42.7%)
钙长石 - 20%
$CaO·Al_2O_3·SiO_2$ (97.7%)

水（？）
1500 +/- 800 ppm **氢**
在极区和永久阴影区

太阳风
　氢 (50 - 100 ppm)
　碳 (100 - 150 ppm)
　氮 (50 - 100 ppm)
　氦 (3 - 50 ppm)
　^3He (4 - 20 ppb)

图4–1 月球资源

1.1　钛铁矿遍布全月

在地球上，钛是一种稀有金属，具有许多其他金属所没有的优点，它

密度小、强度大、熔点高（1725℃）。钛及其合金广泛用于制造飞机、火箭、导弹、舰艇等方面，目前开始推广用于化工、石油和原子能工业中。而这种战略物资在月球上蕴藏丰富。

　　对"阿波罗"6次登月取回的样品及3次"月球号"探测器所带回的月壤样品的分析表明，月海玄武岩含二氧化钛（TiO_2）的范围为0.5%~13%。根据TiO_2的质量分数（某种成分在某物质中所占比例），月海玄武岩分为高钛玄武岩、中钛玄武岩、低钛玄武岩和高铝玄武岩。各类月海玄武岩的矿物组成主要由辉石、长石、橄榄石和钛铁矿组成。高钛月海玄武岩中TiO_2的质量分数大于7.5%，中钛玄武岩为4.5%~7.5%，低钛玄武岩和高铝玄武岩中TiO_2的质量分数均小于4.5%。图4-2是美国克莱门汀卫星探测的月球钛的分布；图4-3是铁的分布；图4-4是根据月球勘探者测量数据绘制的铁分布图。而根据月球勘察轨道器的观测数据，月球上钛铁矿的含量至少是地球的10倍。

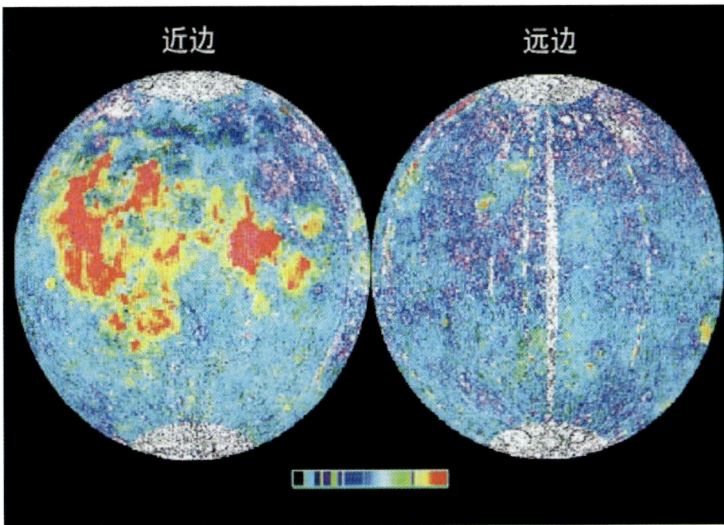

图4-2 月球钛的分布

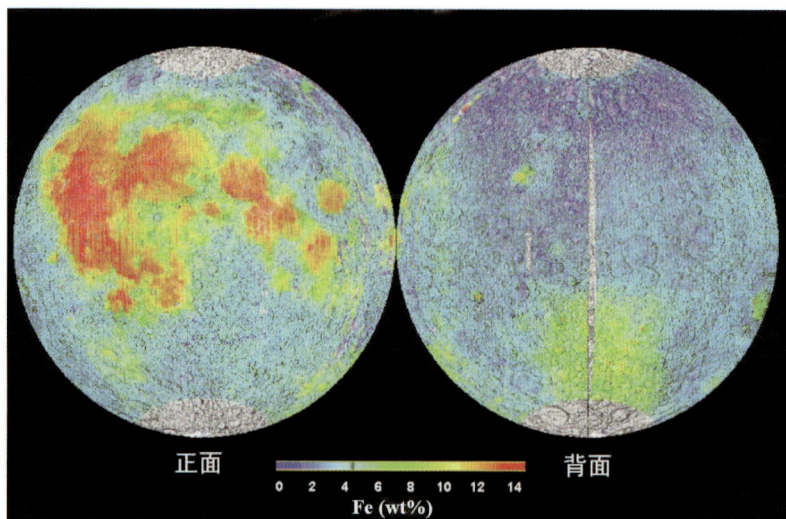

图4-3 月球上铁的分布

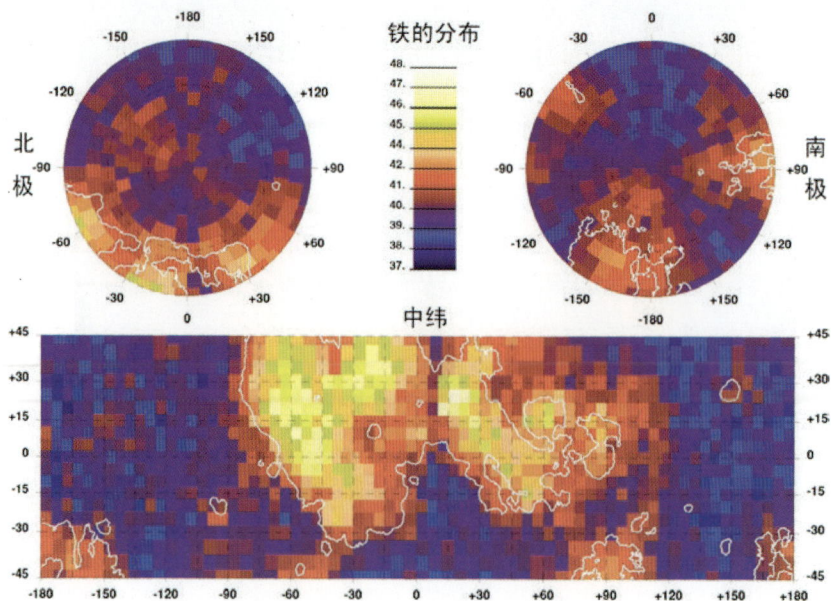

图4-4 月球勘探者测量的铁的分布

从图4-2和图4-3可以看出，高Fe、Ti区域主要分布于月海玄武岩区域。根据计算，月球上22个月海中所充填的玄武岩总体积约$1.09 \times 10^6 km^3$。

若以钛铁矿质量分数超过8%，即TiO_2的质量分数大于4.2%的月海玄武岩进行估算，玄武岩中TiO_2质量分数大于4.2%的月海玄武岩占月海玄武岩总体积的30%左右，则钛铁矿（$FeTiO_3$）的总资源量约为1.5×10^{12} t。根据月球正面月海玄武岩厚度分布图，估算玄武岩总体积和钛铁矿（$FeTiO_3$）的总资源量分别为$80 \times 10^5 \sim 1.6 \times 10^6 km^3$和$1.0 \times 10^{12} \sim 2.0 \times 10^{12}$ t。根据月球正面玄武岩中TiO_2质量分数分布，估算TiO_2质量分数大于4.5%的月海玄武岩中TiO_2的总资源量为$7.0 \times 10^{11} \sim 1.0 \times 10^{12}$ t，钛铁矿（$FeTiO_3$）的总资源量为$1.3 \times 10^{12} \sim 1.9 \times 10^{12}$ t。尽管上述估算带有很大的推测性与不确定性，但可以肯定月海玄武岩中蕴藏有丰富的钛铁矿。它不仅是生产金属铁、钛的原料，还是生产水和火箭燃料——液氧的主要原料，是未来月球开发利用的最重要的矿产资源之一。

1.2 稀土矿月球不稀

稀土就是指化学元素周期表中的镧系元素——镧（La）、铈（Ce）、镨（Pr）、钕（Nd）、钷（Pm）、钐（Sm）、铕（Eu）、钆（Gd）、铽（Tb）、镝（Dy）、钬（Ho）、铒（Er）、铥（Tm）、镱（Yb）、镥（Lu），以及与镧系的15个元素密切相关的两个元素——钪（Sc）和钇（Y）共17种元素。

稀土元素已广泛应用于电子、石油化工、冶金、机械、能源、轻工、环境保护、农业等领域。应用稀土可生产荧光材料、稀土金属氢化物电池材料、电光源材料、永磁材料、催化材料、精密陶瓷材料、激光材料、超导材料、磁致伸缩材料、磁致冷材料、磁光存储材料、光导纤维材料等。

由于稀土元素的用途日益广泛，因此在地球上世界各国对稀土元素的需求越来越大，导致稀土元素供不应求。但在月球上，这类元素的蕴藏量是相当丰富的。

克里普岩（KREEP）是月球高地三大岩石类型之一，因富含K（钾）、

REE（稀土元素）和P（磷）而得名。根据克里普岩中钾质量分数的高低，又可分为高钾（$K_2O>0.7$ wt.%）克里普岩、中钾（$K_2O=0.35~0.7$ wt.%）克里普岩和低钾（$K_2O<0.35\%$ wt.%）克里普岩（wt.%是重量百分比）。

根据月球勘探者的探测结果，发现在月球正面风暴洋区域的钍的质量分数大于3.5×10^{-5}（有些甚至高达9×10^{-6}）。进一步分析发现，这一区域可能就是克里普岩分布区，即由于克里普岩被该区月海玄武岩所覆盖，加之更晚期的撞击作用挖掘，掀起下覆的克里普岩，使克里普岩与月海玄武岩混合并形成了所谓的高钍物质区，其厚度估计有10~20 km。可见，风暴洋区克里普岩的体积是相当巨大的，也就是说，克里普岩中含有巨量的稀土元素乃至铀、钍和钾。图4-5是根据月球勘探者探测数据绘制的月球钍的分布图，图4-6反映了在近边和远边的分布，图4-7是月球钾的分布。

钍和钾的分布在近边西边月海附近是高度集中的，在南极艾特肯盆地比较少。

尽管对克里普岩分布区域的争论，以及目前还无法估算出克里普岩的总体积，会对评估克里普岩中的稀土元素乃至钍、铀等重要资源性元素的资源量产生影响，但克里普岩中所蕴藏的丰富的稀土元素及放射性元素钍、铀是未来人类开发利用月球资源的重要矿产资源之一，为未来月球资源开发与利用提供了广阔的探测与研究前景。

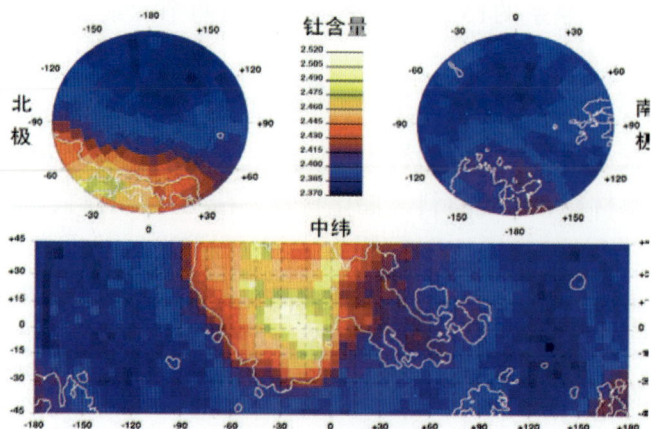

图4-5 月球钍的分布

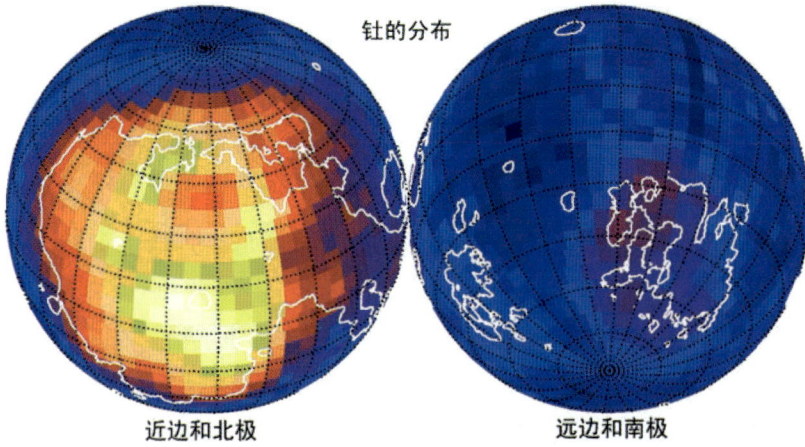

图4-6 钍的近边和远边的分布

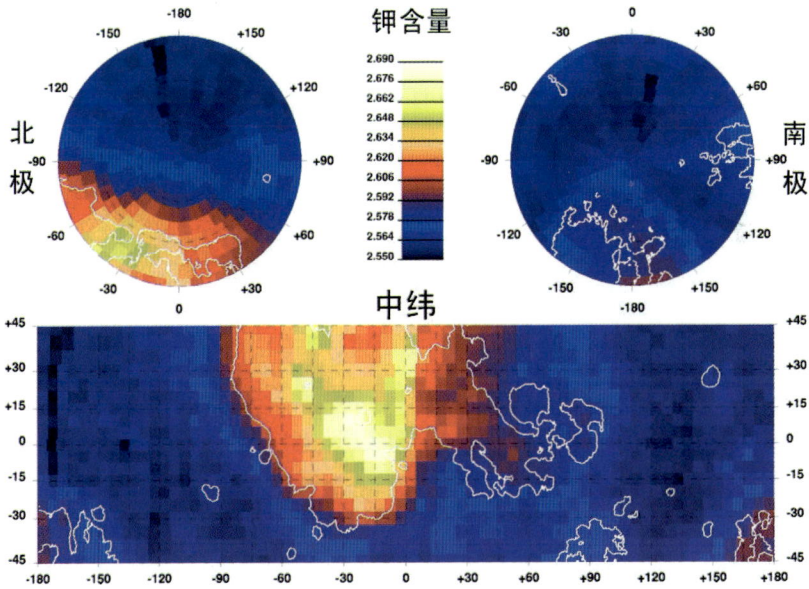

图4-7 月球钾的分布

1.3 氦-3蕴藏量丰富

氦-3是氦的同位素，原子核中含有两个质子和一个中子。氦-3可以和氢的同位素发生核聚变反应。但是与一般的核聚变反应不同，氦-3在聚变过程中不产生中子，所以放射性小，而且反应过程易于控制，既环保又安全。但是地球上氦-3的储量总共不超过几百千克，难以满足人类的需要。科学家发现，虽然地球上氦-3的储量非常少，但是在月球上，它的储量却是非常可观的。

根据已有的探测结果分析，除了极少数非常陡峭的撞击坑和火山通道的峭壁可能有裸露的基岩外，整个月球表面都覆盖着一层由岩石碎屑、粉末、角砾、撞击熔融玻璃物质组成的，结构松散、厚度为1~20 m的混合物，即月壤。月海区月壤厚度平均为4~5 m，高地区平均约10 m。

月壤的成分极为复杂，加上月球几乎没有大气层，月球表面长期受到微陨石的冲击及太阳风粒子的注入，月球表面的挥发性元素，如Ag、Br、Cd、Ga、Ge、Hg、In、Pb、Sb、Te和Sn等产生迁移并富集于月壤颗粒表面，特别是太阳风粒子的注入，使月壤富含稀有气体成分。月壤颗粒吸附的稀有气体质量和体积不但与月壤颗粒大小有关，也与月壤中的矿物组成、元素成分与结构特征有关。月壤中的稀有气体质量体积与颗粒粒度呈线性反相关关系，即稀有气体的质量体积随粒度的增大而减少。所有的返月样品分析都表明，钛铁矿捕获的稀有气体的质量体积是最高的。

由于月球没有强磁场，也没有大气层，因此太阳风可直接入射到月球表面，并注入到月壤里面。因为月壤经常被流星体撞击，使得月壤翻来覆去，大约每四亿年月壤就要翻一次，所以月壤中吸收了很多氦-3，且含量比较均匀。月球已有46亿年的年龄，氦-3储存量非常丰富。

月壤中元素的丰度比与太阳风中相应的丰度比不相关，因为大多数被捕获的氦逃出了月壤，剩下氦-3的数量与月壤保持氦的能力有关。因此，捕获在月壤中的氦的丰度基本上取决于月壤的成分和性质，与氦的供应量几乎无关。根据保存氦-3的机制，可将捕获的氦-3分为两种类型。第一种

是弱约束型，在月壤的颗粒间保存氦-3；第二种是强约束型，氦-3嵌入在月壤的粒子内。

弱约束型氦-3的丰度由两个关键参数控制，一是太阳风供应量，与纬度和经度有关；二是脱气率，与表面温度和月壤的饱和度有关。目前在月球的着陆点还没有直接测量到弱约束型的氦-3，因为这类氦-3对月壤的物理效应是很不稳定的。

强约束型氦-3的丰度主要由导电矿物的数量和月壤的成熟度决定。

直接测量月壤样品中强约束型氦-3的丰度表明，氦-3的浓度与月壤颗粒的大小有关，月壤中颗粒越小氦-3的浓度越大。这是因为在体积固定的情况下，粒子越小，粒子的表面层就越大，吸附的气体就越多。从整体上来看，大约80%的氦-3含在小于50 μm的月壤粒子中，这类粒子占月壤总数的50%；90%的氦-3含在小于100 μm的月壤粒子中；大约10%的氦-3含在0.1~1 mm的月壤粒子中。

利用"阿波罗"飞船着陆点月壤厚度的数据（表4-1）、近边月壤厚度图和全球地质图，可以近似计算每种地质结构的月壤体积。根据二氧化钛含量的多少，可将月海玄武岩分为三种类型，即高钛(5%~10%)、中钛(3%~5%)和低钛(1%~3%)（见表4-2）。表4-2给出每种类型月壤中氦-3的丰度。

在类型Ⅰ的高钛玄武岩区域月壤中，强约束型氦-3在近边的大概储量估计为53 000 t，在整个月球表面的这种类型月壤中估计为61 000 t。

在类型Ⅱ月壤中，近边储量估计为109 000 t，是类型Ⅰ的2倍，但这种类型月壤的面积是前者的4倍。

在类型Ⅲ月壤中，近边氦-3的储量估计为143 000 t。这种类型的储量沉积在与类型Ⅱ大约相同的面积上，但月壤厚度几乎是类型Ⅱ的2倍。在近边，前三种类型月壤中氦-3储量的和估计为306 000 t，三种类型的面积占半球总面积的12%。

在类型Ⅳ月壤中，氦-3的丰度低，但平均厚度高，主要位于高原区，估计氦-3总含量为2 150 000 t。

在月球表面月壤中强约束型氦-3的总含量估计为2 469 000 t（见表

4-2)，在近边，含量估计为1 276 000 t。

由于缺乏丰度和分布数据，弱约束型氦-3的含量没有估计。理论分析表明，在高纬月壤中弱约束型氦-3的丰度可以超过在高钛玄武岩月壤中丰度的2~3倍，达到44 ppb。因此，估计月球氦-3的总含量至少为2 469 000 t。

从目前可使用的数据来看，一些地区可以确定为潜在的月球基地着陆点，如静海、雨海的中心部分，风暴洋的大部分，湿海的部分，云海和危海以及北极和南极区的弱约束型氦-3区域。

表4-1 在不同着陆点的 ^{3}He丰度

地点	^{3}He 丰度/ppb	估计的月壤厚度/ m	区域，类型
Apollo-11	15.1	4.7; 4.6; 4.4	月海，I型
Apollo-12	7.1	3.7; 4.6; 5.3	月海，II型
Apollo-14	5.7	8.1; 8.5	月海，III型
Apollo-15	4.4	6.0; 4.4	月海，III型
Apollo-16	1.4	10.1; 12.2	高地，IV
Apollo-17	8.0	7.0; 7~12; 8.5; 6~8	月海，II型
Luna-16	7.9	4.0; 4.0; 1.0~5.0	月海，II型
Luna-20	3.1	9.2; 0.4; 11.6	高地，IV型
Luna-24	3.4	2.0; 2.0~3.0; 3.9	月海,IV型

表4-2 估计的月壤中 ^{3}He含量

类型	TiO_2 /wt.%	Area STiO_2/km^2	^{3}He 丰度 /ppb	月壤厚度 /m	密度 /kg · m^{-3}	^{3}He大概含量 /t	^{3}He /%
I	5~10	487 114	15.1	4.4	1 900	61 491	2%
II	3~5	1 518 587	8	4.8	1 900	110 796	4%
III	1~3	1 586 312	5.7	8.1	2 000	146 480	6%
IV	0~1	34 340 315	3.1	10.1	2 000	2 150 391	87%
总和						2 469 158	100%

对月壤样品的分析表明，富含TiO_2的月壤样品也富含氦，如图4-8所示。

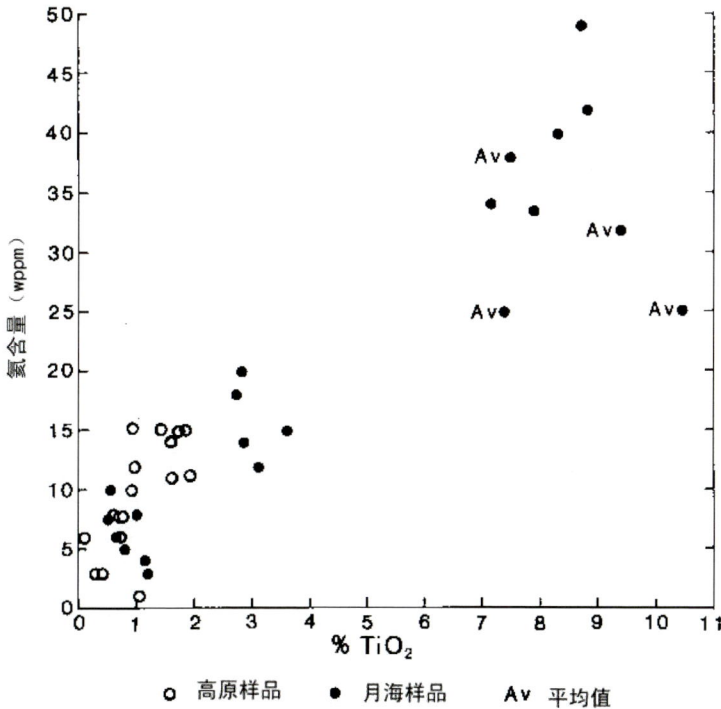

图4-8 月壤样品中氦含量与TiO$_2$含量的关系

随着科技的发展和进步，核聚变发电装置的商业化和航天运输成本的日益降低，地月之间的运输成本将降低到可以接受的程度，并且随着人们生活水平的进一步提高，人们环保意识逐渐增强，氦作为一种清洁、高效、安全的核聚变发电燃料有着广阔的前景。月壤中蕴藏有丰富的气体资源，人类要开发月球，建立月球基地，必然要在月球上获取维持生命系统的各种气体，如O、H、^{4}He、N等，从月壤中提取1 t的^{3}He可同时获得3 125 t的^{4}He、6 000 t的H$_2$、700 t的N$_2$等，同时氦-3可作为副产品来进行开发，将会进一步降低成本。

对"阿波罗"飞船返回的样品分析表明，月海月壤中氦的丰度大约是30 ppm。^{3}He在整个氦中的浓度估计为300 ppm。虽然对月海月壤的均匀程度目前还不清楚，但估计每1.11×10^8 kg未经挑选的月海月壤中含有大约1 kg的^{3}He。由

于目前所收集到的月海月壤样品显示了很高程度的均匀性，因此可以假定这些浓度至少在3 m深的范围内是一致的，体积为$3 \times 25\,370$ m^{3}的月壤中将含有1 kg的^{3}He。当然，这些估计是根据以往月球样品的分析，对今后的取样将要求提供在月球表面特殊点或月壤不同深度氦–3的信息。

1.4 氧元素多得出奇

氧是月球元素中丰度最高的元素，月球中60%的原子都是氧原子，但是它们都和其他元素结合在一起，形成稳定的化合物，包括金属氧化物和非金属氧化物。如果把原子百分比转换为质量百分比，氧依然是丰度最高的元素，约占45%。

月壤中氧的含量也是极为丰富的，图4–9给出月壤中主要元素的含量。

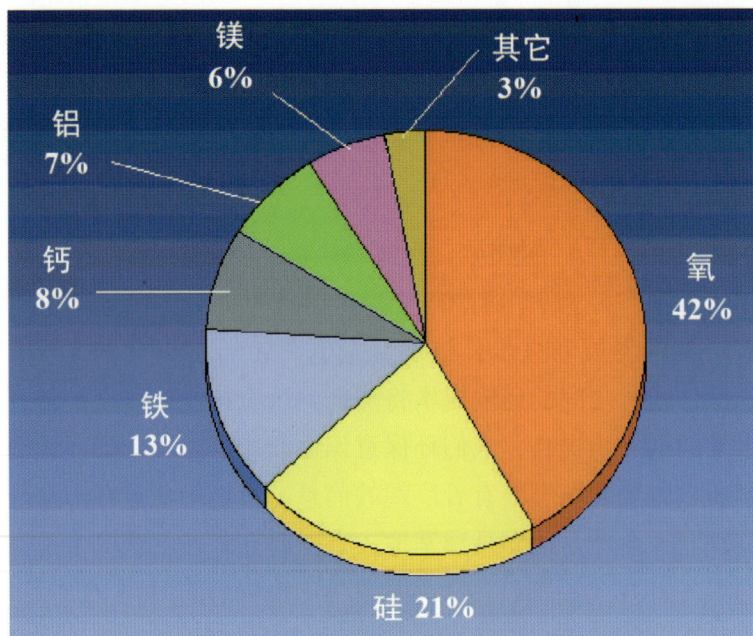

图4–9 月壤的主要成分

2．就地资源利用

2.1　就地利用意义大

我们在第一节介绍了月球的资源，尽管这些资源很丰富，但是在可以预见的将来，绝大多数资源都不可能运送到地球，因为成本太高。然而，在建设月球基地过程中，就地开发利用这些资源，不仅是可能的，而且是必需的。

就地资源利用（ISRU）是在月球和行星探测中出现的名词，意思是开发和利用所探测天体所具有的资源，如生命保障系统所需要的物质、火箭的推进剂、建立基地所需的结构材料以及各种形式的能量等。如果就地资源利用得到一定程度的发展，就可以大大减少从地球携带的材料，可以大大推动行星际探测的发展。

随着月球探测的发展，人类向月球发射的各类航天器越来越多。不管是着陆器还是轨道器，最终的命运都坠落到月球表面。在这种情况下，月球就地资源利用又有了新的内容，那就是对这些"废物"进行加工处理，使之再发挥作用。有的经过修复和改装继续使用，有些可能只是作为材料利用。

从月球基地建设的角度看，就地资源利用尤为重要。因为基地的建设需要大量的建筑材料，维持人类在月球表面长期存在所需要的生命保障物质，无论是品种还是数量，都是特别巨大的。可以毫不夸张地说，就地资源利用的水平，制约着月球基地发展的规模和水平。

月球ISRU的产品和服务主要包括下列类型：

（1）生命保障的必需品，如氧气、水和食物；

（2）基本建筑材料，如月壤、岩石和金属；

（3）辐射屏蔽材料，目前主要选择月壤；

（4）生活和科学考察所需要的能源，初期主要是太阳能，后期可考虑利用核能；

（5）运载火箭的推进剂，利用月球上的元素，在月球基地合成，如甲烷等；

（6）机器人和月球车所需的燃料；

（7）热能及存储系统；

（8）金属材料与金属部件；

（9）氦-3与其他挥发性气体；

（10）极区陨石坑中的水冰。

如图4-10所示的是美国一家研究机构给出的月球就地资源利用研究课题。

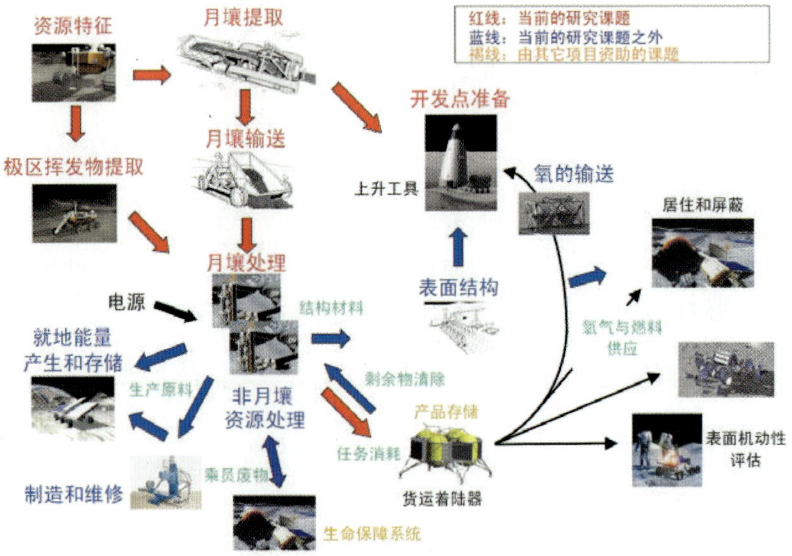

图4-10月球就地资源利用研究课题

2.2 特殊产品先开发

月球就地资源利用的产品非常广泛，而且随着ISRU的发展而不断增多。但从发展的角度看，也有轻重缓急的问题，有些产品是必需品，而且在现有技术条件下可以生产，那就优先发展这些产品；有些矿物很重要，但在现有技术条件下难以利用，必须放在以后解决。在建设月球基地的初期，氧气、水和甲烷等是最重要的，因为这是基本的生命保障和工作保障

用品。

　　平均来说，生活在月球上的乘员每天大约需要1 kg的氧气。氧气主要从月壤提取。在月球基地建设的初期，也即还没有建成永久基地之前，要求每年至少生产2 t氧气，其中1 t用于环境控制与生命保障系统（ECLSS）和月面活动，另1 t用于合成水。这个生产能力可满足每年6次月面着陆的要求。

　　在永久基地建设期间，氧气的生产量将增加到每年10 t，这个生产水平每年可为返回工具加注燃料2次。

　　水是维持生存的必要条件，每人每天大约需要27.5~30.5 kg。对于初期4人的乘员组，每年大约需要氧1.5 t，水40 t。在月球基地建设初期，就地获取水的主要方法是氢与氧的合成。在月球上提取氧的方法很多，在第三节中将详细介绍。而对于获取氢，在初期可以从着陆后的"月球表面进入模块（LSAM）"的下落级提取，一般最少可获得氢55 kg，最多可获得大约252 kg，然后与每年就地生产的1 t氧气合成水。当然，从长远考虑，极区陨石坑底部的水冰也很可能是重要的水源之一。

　　就地甲烷生产也是月球基地建设初期的一项重要任务。利用废弃塑料和乘员的排泄物，与氧气合成甲烷。这些甲烷可在燃料泄漏、电源损失或增加负载的情况下支持LSAM上升级起飞。表4-3给出对自耗产品的要求。

表4-3　对自耗产品的要求

ISRU处理要求		kg/年（最小）
生产氧	为环境控制和生命保障系统及月面活动提供氧气； 生产水； 为月球表面进入模块的上升级提供推进剂。	1 000 800 7 600
生产水	为环境控制和生命保障系统及月面活动提供水； 从月球表面进入模块的下落级获取氢； 辐射屏蔽。	900 100 1 000~2 000
水电解	就地资源利用； 夜间电源； 充压月球车电源（每次任务需45 kg水，每年28次）。	1 125 7 335 1 260
生产甲烷	为月球表面进入模块的上升级提供推进剂。	2 160

2.3 发展经历四阶段

从整个国际月球探测的角度看，月球就地资源利用的发展将大体经历四个阶段：

（1）机器人准备阶段。在这个阶段，世界各国发射多颗月球轨道器，携带更精密的遥感仪器，对月球的资源分布进行详查，以确定就地资源利用的地点；同时，向一些候选地区发射着陆器，对候选资源进行实地考察，以确定在该地区进行就地资源利用的可行性和方法。特别是极区，人类目前还没有向这些地区发射着陆器。由于这些地区极度严寒，挥发物蕴藏丰富，因而对其种类、含量和分布还缺乏系统的认识。

（2）开始实施阶段。该阶段是月球基地建设的初期阶段，所需的生命保障物资主要从地球携带。乘员在6人以内，月球上停留的时间大约10~15天。主要任务是验证关键的就地资源利用技术和能力，如就地生产氧气、水、氢气、液体氧的存储和运输等。

（3）基地大规模建设阶段。在此阶段，乘员在10人以上，月球上停留的时间在1个月以上。乘员的主要工作包括：表面月壤的提取和处理；对居住设施进行辐射防护；建设大型发射和着陆场，建设从发射场到住处的道路；提取游泳的挥发性物质资源，如氢气、一氧化碳、二氧化氮和水。从月壤中大量生产氧气；氧气液化并存储；生产燃料电池。

（4）高级月球基地建设阶段。发展和完善基础设施，维持人类在月球的长期存在，并为火星基地的建设积累经验。从就地资源利用的角度，高级月球基地建设可分为三步：

第一步，人工操作月壤挖掘和氧气生产、存储及运输，每年为2个上升工具加注燃料（约3 500 kg），每年为4名乘员提供居住和月面活动的生命保障用氧（约3 000 kg），为下次机组返回准备氧气。

第二步，就地制造和修理，就地电源产生，热能存储和利用，增加氧气和燃料的产量，以维持可重复使用的着陆器。

第三步，就地制造复杂的部件和设备，表面和表面下居住区的基础设

施建设达到相当的规模，利用就地材料完善生命保障系统，提取氦-3。

2.4　六项技术提前抓

（1）表面活动性。

表面活动性要求执行ISRU任务的各类月球车和相关设备具有很强的灵活性。具体来说，月球车动作灵活，能跨越一定大小的岩石，爬上一定高度的斜坡；有充足的动力，行走更远的距离；配备导航定位系统，自动到达目标，自动返回基地；能自动挖掘月壤，并将其运送到目的地。

（2）电源。

电源是最基本的动力，无论是月球车，还是用于开发资源的设备都需要电源。用于月球车上的电源要求寿命长、功率高；用于电解水、运输资源、环境控制和生命保障系统的电源系统要求功率大、长时间不间断运行。因此，电源的类型应多样，保证在夜间也有充足的电源。

（3）低温流体管理。

液氧和液态甲烷是月球基地最重要的物资，这些液态物资必须在低温下保存，因此需要发展低温液化和低温存储技术。

（4）自动控制和自动失效恢复。

就地资源开发利用需要不断地进行各类操作。而月球表面的环境是严酷的，不可能所有操作都由航天员进行，绝大多数操作都应自动进行。例如，生产氧气的过程，就需要开发长期使用的导航和控制软件；对于一些复杂操作，例如建设核反应堆，也需要自动操作和自动控制。另外，一旦某些操作失败，应该有自动失效或恢复功能。

（5）热管理技术。

在开发和利用月球资源时，有些过程需要加热，而有些化学过程会释放出能量。如何管理好这些热量，是月球就地资源利用需要认真研究和解决的重要技术。

（6）生命保障和月面活动服装。

在进行月球就地资源开发和利用时，在月球上的工作人员要在居住区外作业，这就给生命保障系统和月面活动服装的设计和制造带来新的技术挑战。须从总体上考虑如何使用水、二氧化碳、气体处理和分离系统，月面航天服如何利用月球的资源进行温度调节。

3．氧与氦-3的生产技术

3.1 提取氧气方法多

人类能否在月球长期居住，重要的条件是月球就地资源利用的水平与程度。最重要的可利用资源是水、氢、氧、铁和铝。

在月球上利用就地资源和材料生产氧，是月球基地建设头等重要的事情。目前已经提出了许多种生产氧的方法，对于在月球上提取氧，最重要的两种材料是钛铁矿和钙长石类的硅酸盐。氢还原钛铁矿的方法使用最为广泛，在这个方法中氢生成水，而且氢气还可循环使用。图4-11给出生产氧气所需的月壤量。

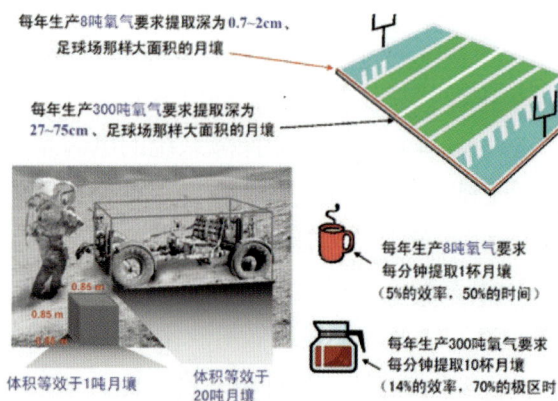

图4-11生产氧气所需要的月壤量

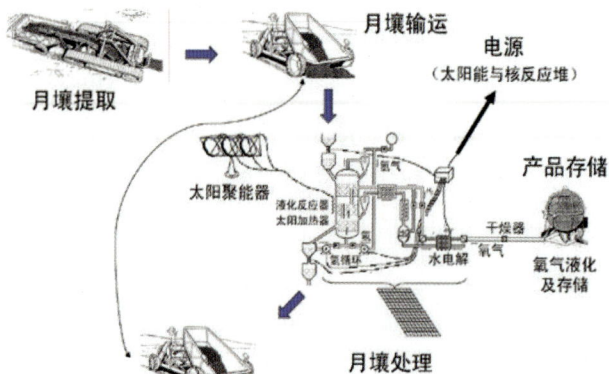

图4-12 生产氧气的流程

图4-12给出生产氧气的典型流程。

3.2　生产能力成规模

如图4-13所示的是一座月产200万吨液氧的小型工厂。生产方法是让氢气与钛铁矿发生化学反应，生成水、铁和二氧化钛。将水电解，生成氢和氧。氢可以重复与钛铁矿反应，而氧气被液化并存储起来。原料是采自附近陨石坑的玄武岩。岩石被送到储存装置并被输入到一个三级压轧、研磨装置，以减小岩石的大小。最后的颗粒通过筛选分离，并返回到传送带。反应器是一个三级液化装置，辅助设备包括低压和高压送料器、气体和固体分离器。一个高温陶瓷电解装置将水分解为氧和氢，氧被液化并存储，可用于燃料电池和生命保障系统。

如图4-14所示的月壤生产基地位于"阿波罗"—17"飞船着陆点附近几公里处。生产氧过程中所留下的废料含有铁、铝、镁和钛，可用作在月球上生产金属的原料。

图4-13 月球上的液氧生产设施

图4-14 从月壤中提取氧

3.3 精选月壤是关键

在月球上提取氦-3的最大技术挑战是月壤中氦-3太稀薄。假设浓度为10 ppb月壤获得1 g的氦-3，则需要挖掘150 t月壤，66 t预处理过的小颗粒月壤，82 GJ的加热能量（1 GJ=109 J，J是热量单位焦耳）。由此可得出结论，应尽可能少地处理月壤，仅仅加热浓度最高的部分，能量循环利用。

提取氦-3的第一步是收集氦-3含量较高地区的月壤，并对这些月壤进行精选。月壤颗粒的大小变化很大，根据分析，颗粒越小，表面积与体积之比就越高，太阳风注入的气体含量就越大。去除较大颗粒后，需要加热的月壤可能只有初始的50%，但可获得70%~80%以上的 ^{3}He 。图4-15给出一种氦-3生产装置，包括挖掘月壤和提取气体。图4-16给出生产氦-3的流程。

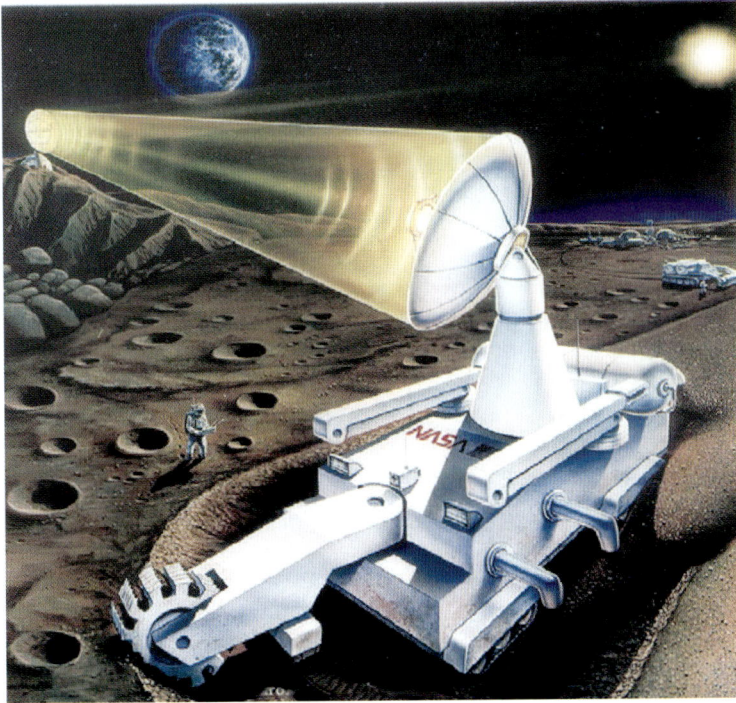

图4-15 氦-3生产装置

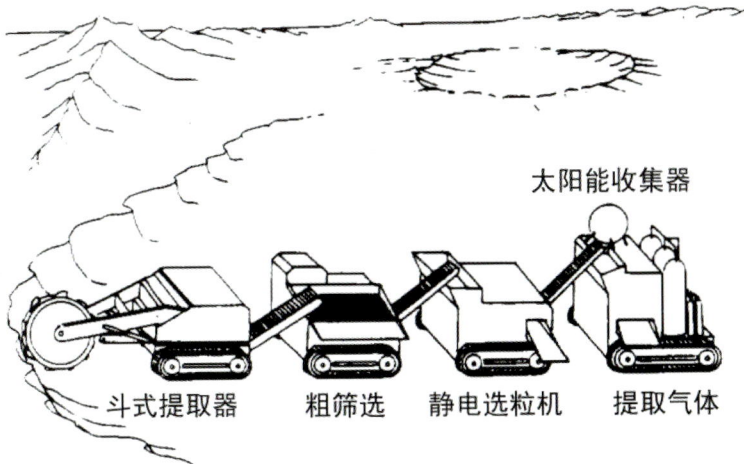

图4-16 生产氦-3流程

3.4 提取氦-3须加热

通过加热，可以将氦-3和太阳风其他气体从月壤中提取出来。加热到大约700℃时，许多被吸附的太阳风气体都可以释放出来。处理温度要精心选择，以便使氦释放出来，但注入到月壤中的硫化物不会释放，因为这类气体大约在750℃才开始释放。进一步的工作是将氦-3从太阳风其他气体中分离出来。图4-17给出提取氦-3的示意图。图4-18描述了开采氦-3原料的过程。图4-19概述了获取氦-3所涉及的各类基础设施。

开采氦-3基本有两种情况：第一种设想是活动采矿机，这种装置将收集月壤，排除大的颗粒，并提供热能，以便释放太阳风气体。然后将气体收集到存储箱中，输运到中心设备进一步处理。第二种设想是中心处理概念。将足够数量的月壤收集到处理中心，然后统一进行处理。

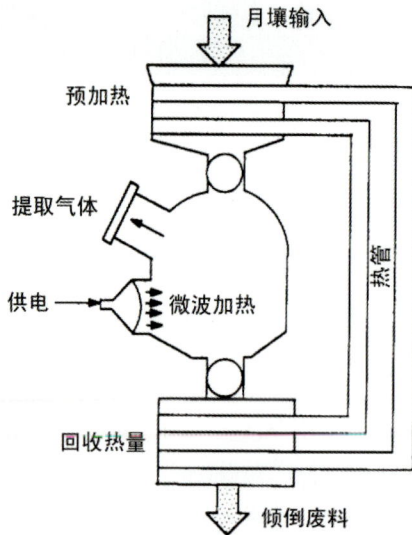

图4-17 提取氦-3的示意图

图4-18 开采氦-3原料的过程

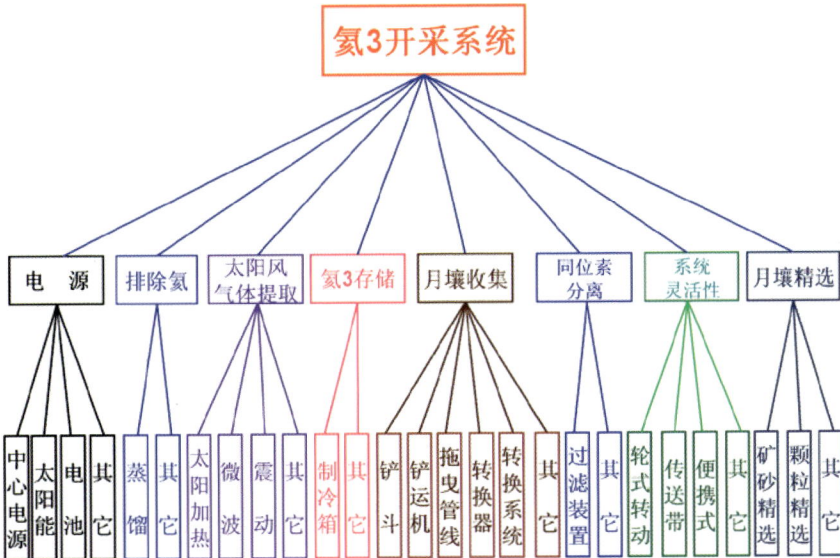

图4-19 开采氦-3所涉及的各类基础设施

第五章 月球旅游

1．月球旅游不是梦

1.1 太空旅游已成行

也许不少人都觉得到月球旅行现在还是梦想，但人类航天技术发展的历史表明，这个梦想很快就会变为现实。

梦是凭空想象出来的，而到月球旅行，人类已经有了坚实的技术基础。不说"阿波罗"航天员早在1969年就完成了登月的壮举，就从旅游的角度看，人类的行程正一步步向月球靠近（见图5-1）。

世界上第一位太空游客是来自美国加州的商人丹尼斯·蒂托（Dennis Tito）。2001年4月28日，他乘坐俄"联盟TM-32"载人飞船前往国际空间站，时年60岁。蒂托曾任美国国家航空航天局喷气推动实验室工程师，参与了火星和水星探测飞船飞行轨道的设计。

第二位太空游客是南非商人马克·沙特尔沃思（Mark Shuttleworth）。2002年4月25日，他乘坐俄"联盟TM-34"飞船进入国际空间站，时年59岁。

第三位太空游客是美国商人格雷戈里·奥尔森（Gregory Olsen）。2005年10月11日，他乘坐俄"联盟TMA-7"飞船进入国际空间站，时年59岁。

第四位太空游客是伊朗裔美国女企业家阿努什·安萨里（Anousheh Ansari）。2006年9月18日，她搭乘俄罗斯"联盟TMA-9"载人飞船前往国际空间站，时年40岁。安萨里也是第一位太空女游客。

第五位太空游客是美国软件工程师查尔斯·西蒙尼（Charles Simonyi）。2007年4月7日，他乘坐俄"联盟TMA-10"载人飞船前往国际空间站，时年58岁。西蒙尼曾任职于微软公司，领导开发办公自动化软件Word和Excel。

第六位太空游客是美国电视游戏大亨理查·盖瑞特(Richard Garriott)。2008年10月12日，他花费3 000万美元，乘坐着俄"联盟TMA-13"载人飞船，飞往国际太空站，时年47岁。

第七位太空游客是加拿大的盖·拉利伯特（Guy Laliberte）。他于2009年9月30日乘俄"联盟TMA-16"载人飞船升空，前往国际空间站。时年50岁的盖·拉利伯特是加拿大太阳马戏团的创始人及总经理，拥有上亿美元家产。他在升空和返回时，都戴着他的红色小丑鼻子。

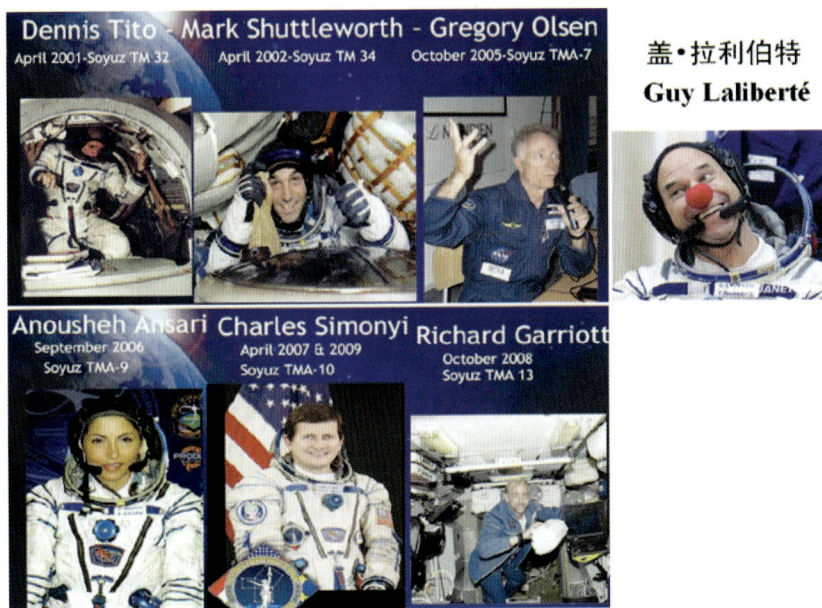

图5-1 轨道太空游客

太空旅游有多种方式。最简单的一种方式是飞机做抛物线飞行，在抛物线的上升段、顶端和下降段，有几十秒钟的微重力阶段。在该阶段，乘客会有飘然若仙的感觉。图5-2展现了乘客在微重力作用下的状态。这种形式虽然没有实际进入太空，但也可以感受微重力给人带来的乐趣，而且机票比较便宜，每次飞行飞机可以做几次抛物线飞行。

图5-2 飞机做抛物线飞行产生的微重力

第二种方式是太空飞船做亚轨道飞行。当飞船飞到100 km左右高度时，同第一种方式的飞机一样，做抛物线飞行。这种方式可产生几分钟的微重力状态。目前这种方式的太空旅游技术接近成熟，估计在近两年内可投入商业运行。开展这项旅游业务的典型代表是维珍银河公司，该公司所开发的太空船2号（见图5-3）即将投入商业运行。

图5-3 太空船2号

计划开展亚轨道太空旅游的不止维珍银河公司一家，目前世界上有多

个国家制定了此项计划，而且在设计制造太空船方面都取得了很大进展。图5-4给出美国XCOR航空公司研制的飞船Lynx。

图5-4 Lynx亚轨道飞船

　　第三种方式是轨道旅游，即航天器的速度达到第一宇宙速度（7.8 km/s），航天器将围绕地球做圆周运动。这种方式的旅游具有前述两种没法比拟的优点，主要表现在飞行过程中航天器内一直是微重力状态，另外在轨时间也长。可以在航天器内做各种试验，可以长时间观看地球，是太空旅游较好的一种方式。

　　目前，人类的载人航天活动主要有三种航天器：飞船、航天飞机和空间站。图5-5给出典型的载人轨道飞行航天器。

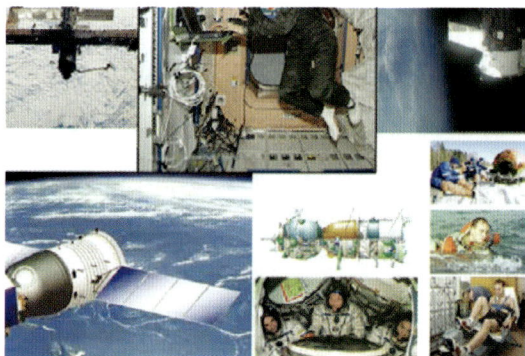

图5-5 载人轨道飞行航天器

1.2　轨道旅馆计划中

在开展月球旅行之前，大力发展低地球轨道旅馆是至关重要的。低地球轨道旅馆的作用有三方面：一是起地球与月球之间的中转站作用；二是增加旅游活动的项目；三是使旅客适应从地球环境到月球环境的变化。图5-6给出了目前设计的低地球轨道旅馆外形。图5-7则是人类设想的在2040年左右地球轨道旅馆和月球旅行发展的盛况。

图5-6 典型的太空旅馆

在图5-7中，地球轨道旅馆包括低倾角共轨旅馆、极轨旅馆、大椭圆轨道旅馆和赤道轨道运动中心。此外还设立了推进剂站，以便对这些旅馆提供推进剂。飞往月球已经是较为普通的事情，就像人们乘飞机外出旅游一样。那时的月球基地设施已经很完善，月球基地资源利用达到相当高的水平，地球轨道旅馆所用的水，已经不是从地球携带，而是由月球基地供应。

月球水交易业务

月球极区旅馆

10个极轨旅馆

月球轨道旅馆

60个共轨旅馆

2个推进剂站

向推进剂站供水

20个赤道轨道
运动中心

每日月球航班

推进剂站

60个共轨旅馆

2个推进剂站

椭圆轨道旅馆

2040年太空旅游业务：
每年500万游客
同时在轨7万人

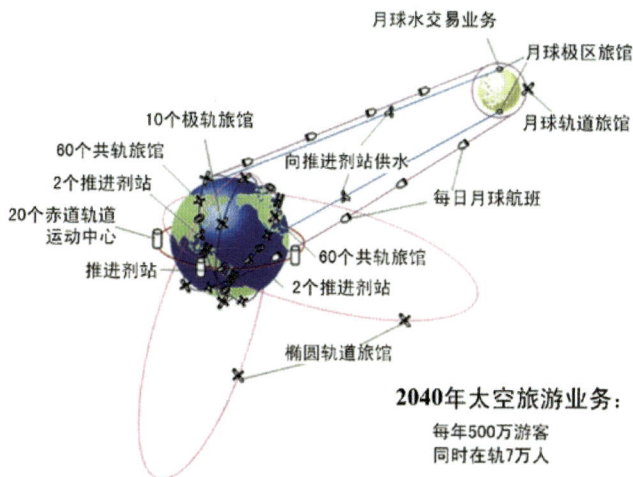

图5-7　2040年左右的太空旅游盛况

1.3　基础设施有保证

到月球表面旅行的前提是建设好相应的基础设施，这些设施包括：地球—低地球轨道飞船、月球着陆器、月面生活设施、从月面进入环月轨道的上升级（包括小推进器和乘员舱）、月球航天发射场、月球膳食供应设施、月面交通工具、月面地下建筑以及月面服务设施等。

1.4　旅游计划早制定

下面是一份月球旅游计划，概述了一次旅行完整时间序列。尽管这个计划还只是想象中的蓝图，但从中可了解到月球旅行可能经历的各种事件。

（1）登上飞往月球的飞船；

（2）起飞；

（3）进入低地球轨道；

（4）与低地球轨道旅馆交会对接；

（5）在低地球轨道旅馆短期停留；

（6）登上地月之间的飞船；

（7）离开地球轨道；

（8）观看逐渐收缩的地球和不断增大的月亮；

（9）到达地月之间的第一天平动点，距离月亮58 000 km；

（10）到达地月引力平衡点，距离月亮38 000 km；

（11）进入低月球轨道；

（12）与月球轨道旅馆交会对接；

（13）从低月球轨道观看月球；

（14）搭乘到月球表面的飞船；

（15）离开低月球轨道；

（16）在月面着陆；

（17）登记、适应环境、月面行走；

（18）观看月球和地球；

（19）访问背面、极区矿山、历史遗迹；

（20）到露天大型运动场做飞行运动；

（21）演出飞行芭蕾舞；

（22）参观月球公园，到低重力游泳池游泳；

（23）离开、起飞、返回，与上述序列相反的顺序。

2．初探广寒宫

2.1 环月旅馆有特色

旅游者进入月球轨道的第一件事就是与环绕月球的旅馆进行交会对接。生活在环月旅馆中，与生活在地球轨道的空间站类似，都是微重力状态，与前者不同的是可以欣赏月球的景色。由于月球的公转速度与自转速度相等，因此月球始终有一面朝向地球，如果不借助于环月卫星，人类不可能看到月球背面的景色。住在环月旅馆的最大乐趣就是可以看到月球背

面的景观。

2.2　移动旅馆方便行

移动式月面旅馆是最简单的一种旅馆（见图5-8），类似于地球上的"大篷车"，工作到哪停在哪，实际上就是一个较大的密封型月球车。对于短期旅游者来说，足以满足生活与旅游需要。

图5-8 移动式月面旅馆

2.3　名胜古迹任你访

自1959年以来，人类向月球发射了大量探测器。这些探测器有的是在月球表面软着陆，有的是硬着陆，大多数是在环绕月球轨道运行一定时间后坠毁在月球表面。因此目前在月球表面留下了大量人造物体。当人们到月球上去旅游时，当年"阿波罗"飞船的着陆点、各种月球车的着陆点已经成为"名胜古迹"。探访当年震撼全球事件的发生地，亲眼目睹这些叱咤风云的主角，从这个意义上来说，也不枉月球之旅。

图5-9给出苏联的月球系列着陆器、美国"阿波罗"飞船和勘察者系列着陆器的着陆点位置。

图5-9 部分着陆器着陆点示意图

　　在上述物体中，体积较大、社会影响也较大的当属"阿波罗"飞船的月球下落模块（见图5-10）和月球车（见图5-11）。

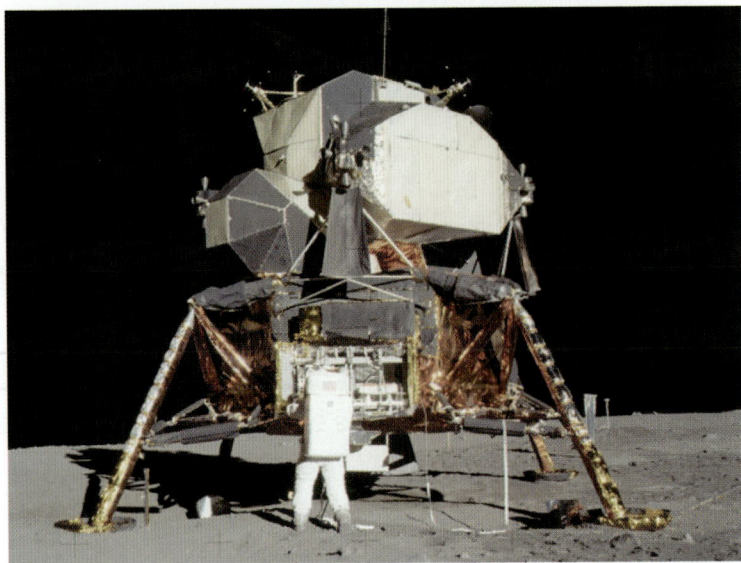

图5-10 月球下落模块

图5-11　月球车

　　美国月球勘察轨道器（LRO）携带了高分辨率的摄像机，由LRO提供的数据可以辨别出美国"阿波罗"飞船以及苏联月球车的着陆点。图5-12是"阿波罗"15号着陆点照片，其中LRV是月球车；FALCON是月球模块下落级；ALSEP是月球表面实验包；LRRR是月球激光测距反射器。当月面旅行蓬勃发展时，相信会有各类着陆器分布的详细地图，供旅游者参考。

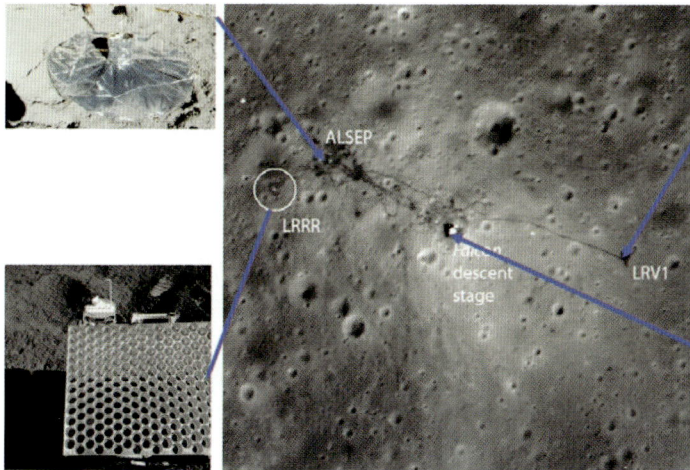

图5-12　LRO拍摄的"阿波罗"15号着陆点情况

2.4 特殊月貌乐趣生

尽管月球上没有水、没有生命，因此不可能看到生机盎然的现象，但月球独特的地形和月貌，也会给旅游者带来许多乐趣。

从旅游者的眼光看，月球独特的月貌涉及以下几方面：撞击坑、月海、山脉、河谷、熔洞及月湾等。图5-13给出月球正面一些典型特征及其名字。

图5-13 月球正面一些典型特征及其名字

（1）数不尽的陨石坑。

人们通过航天遥感的方法已经辨别出地球上一百多个陨石坑，但在月球上，陨石坑随处可见。据统计，月球表面直径大于1 km的陨石坑总数在33 000个以上，直径大于1 m的陨石坑总数高达3万亿个。图5-14和图5-15分别给出月球背面的陨石坑和形态各异的陨石坑。

从某种意义上来说，月球是内太阳系天体演变过程的考古博物馆，发生在远古时期的地质演化过程，都可以在月球表面找到证据。对于旅游者来说，观看撞击坑的形状、壁的分层和底部结构，可以粗略地了解该撞击

坑产生的年代和撞击物大小。

图5-14 月球背面陨石坑分布

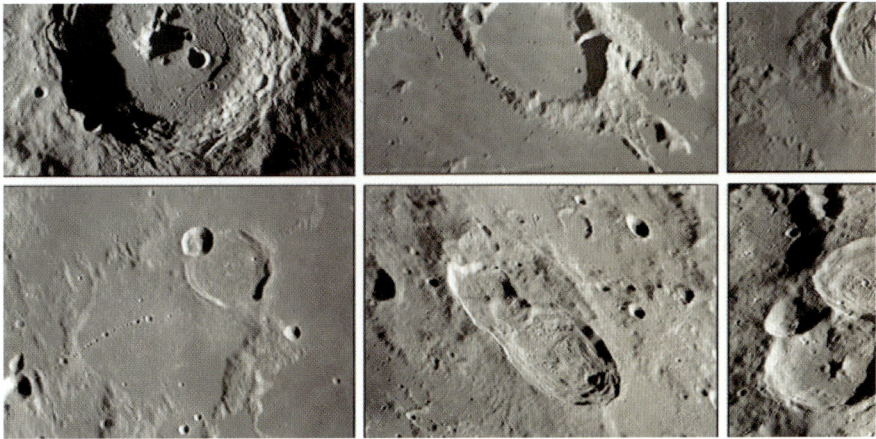

图5-15 形态各异的陨石坑

（2）滴水不见的月海。

肉眼所见月球表面上大的暗黑区域称为月海，在图5-13中为深色区域。月海实际上是低洼区域或平原，一滴水也没有，反照率很小（0.05～0.08）。月面上有22个月海，其中有19个在朝向地球的半个月球（正面）上。正面的月海面积约占月球正面面积的50%，而背面上的月海只占其半球面积的2.5%。月海比月球平均水准面低 1～4 km，大多呈圆形

或椭圆形，四周被一些山脉封闭，但也有几个海连成一片。最大的月海是风暴洋，面积约500万平方千米。其次是雨海，面积约88.7万平方千米。与海类似但面积较小的称湖，计有梦湖、死湖、夏湖、秋湖与春湖。月海伸向月陆的部分称为湾。

（3）最大的山脉。

月球表面高出月海的地区均称为高地。在月球正面，高地的总面积与月海的总面积大体相等，而在月球背面，则高地面积要大得多。高地一般比月海高2~3 km，主要由浅色斜长岩组成，对阳光的反射率较大，用肉眼看月球上洁白发亮的部分就是高地。

月球表面上分布有连续、险峻的山峰带，称之为山脉。这些山脉大多数是以地球上的山脉命名的，如高加索山脉和阿尔卑斯山脉等。其中最大的山脉是亚平宁山脉，位于月球北部，以意大利的亚平宁山脉命名。亚平宁山脉组成了雨海的东南边缘，它的南部起于著名的埃拉托色尼环形山西部。山脉的西部是雨海北部与岛海南部所构成的狭窄峡谷。西部更远处是卡普特斯山脉。山脉从埃拉托色尼环形山处开始由东往东北方向形成弧状的山链，最后结束于29.5°处的菲涅尔峡谷。雨海西部和澄海东部的交接处有另外一处峡谷，它的最北部是高加索山脉。图5-16给出亚平宁山脉及其周围的地形。

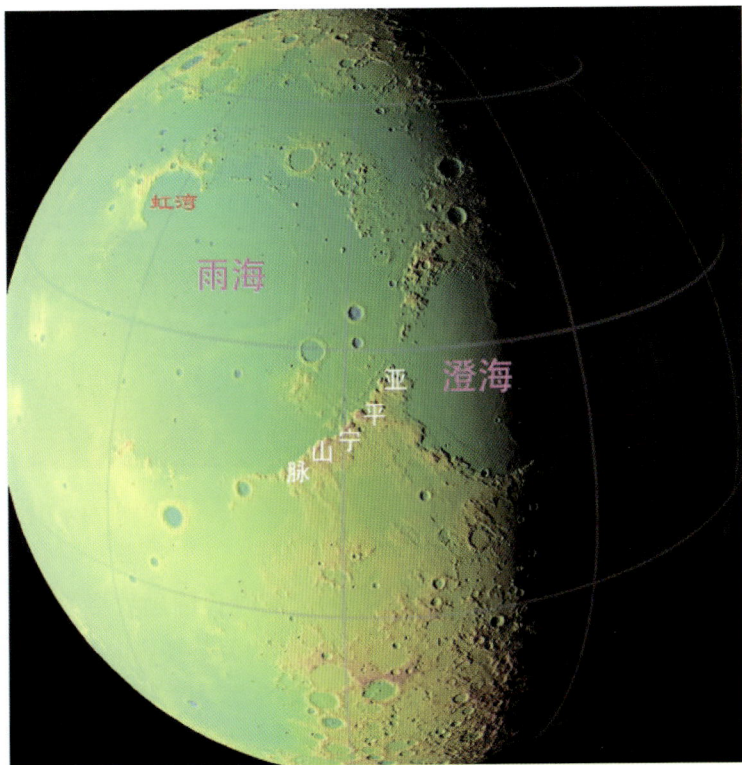

图5-16 亚平宁山脉与虹湾

（4）四大悬崖峭壁。

月表还有四座长达数百公里的峭壁，除最长的阿尔泰峭壁（Altai Cliff，或Rupes Altai）组成酒海的外层环壁外，其他三座峭壁均突出在月海水准面之上，它们是静海中的科希峭壁、云海中的直壁和湿海中西部边缘的利克比峭壁。

阿尔泰峭壁是一个位于月球近边东南半球的悬崖，构成了酒海的东南边缘，它把几个比较显著的环形山捷奥菲勒斯、西里勒斯和凯瑟琳娜包含在内（见图5-17）。

图5-17 月球最大的峭壁阿尔泰峭壁

（5）月球"大峡谷"。

在月球表面不少地区曾发现一些黑的大裂缝，绵延数百公里，宽度达几千米到几十千米。通常将月表较宽的峡谷称为月谷（valleys），而把细长的小谷称为月溪（riles）。

斯罗特里月谷大约长160 km，宽达11 km，深度约500 m，是月球上的"大峡谷"，如图5-18所示。

图5-18 月球大峡谷——斯罗特里月谷

（6）月球上的"珠穆朗玛峰"。

根据美国月球勘察轨道器观测的结果，月球最高点的高度10 786 m，比地球上的珠穆朗玛峰还高出1 938 m。最高点的位置在月球背面，纬度为 5.4125°，经度为201.3665°（见图5-19中的黑圈）。而图中白圈指示的位置，则是月球的最低点，高度为9.06 km。

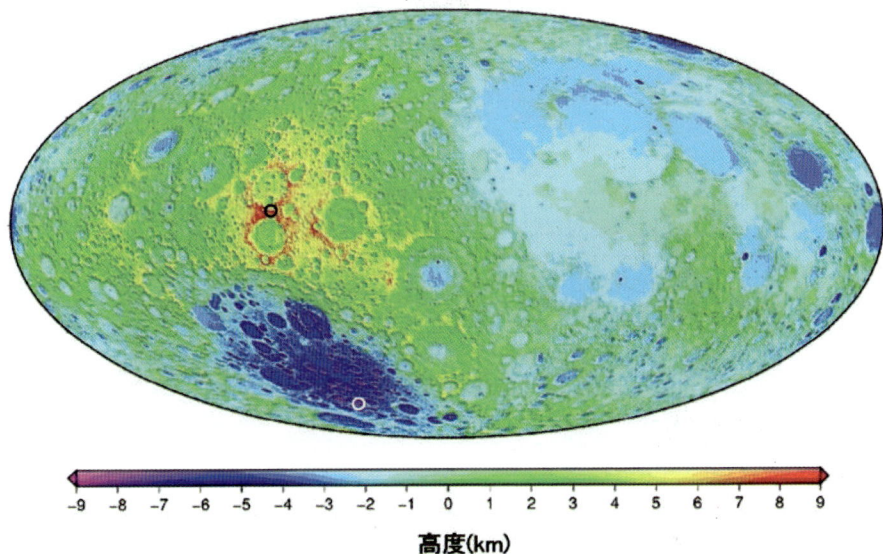

图5-19 月球的最高点与最低点

（7）永照区与永久阴影区。

图5-20给出在月球南极永照区和永久阴影区的图像，其中亮处是陨石坑顶部边缘，太阳几乎永久照射，而陨石坑的底部则永久不见太阳。

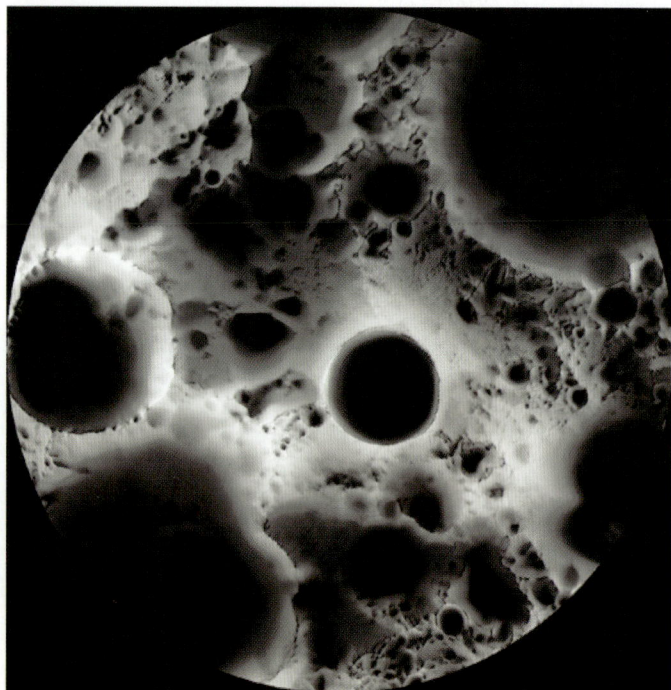

图5-20 永照区与永久阴影区

3．月宫盛世

3.1 五星旅馆设施全

当月球基地建设进入高级阶段时，月球将出现五星级月球旅馆。这类旅馆除了优良的服务设施之外，最重要的是具有月球的特点，这些特点包括：

（1）顶端建有旋转天文观测平台，旅游者借助望远镜，可以观测地球、火星和宇宙中其他天体。由于月球上几乎没有大气，因此这种观测比地球上看得更清楚，更重要的是可以借助肉眼辨别出许多天体。

（2）月球游泳池。在1/6重力下，游泳是怎样的一种感受，只有在月

球上才能体验。五星级宾馆设立的小型游泳池，可以满足游客的这一愿望，如图5-21所示。

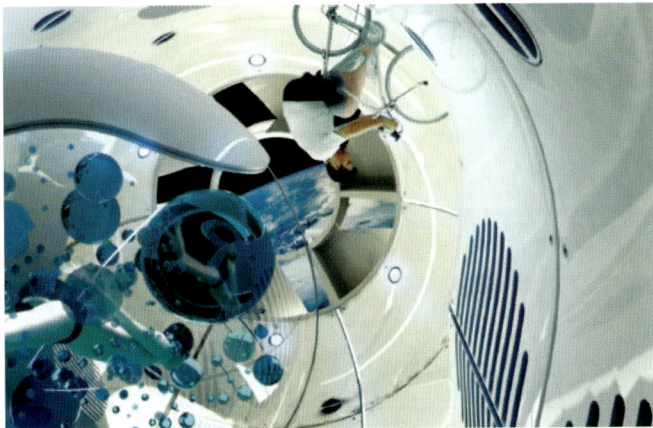

图5-21月球游泳池

（3）穿上带有蝙蝠状翼的特制服装，直接体验从高楼大厦自由下落的感觉。在1/6重力条件下，旅游者可以穿上带有蝙蝠状翼的特制服装"飞行"，如图5-22所示。

图5-22 从楼上往下"飞"

综合这些特点，目前已经设计了高级月球旅馆，如图5-23所示。月球严酷的环境为月球旅馆的设计带来了许多技术挑战，但月球低重力、无风的特征也给建筑设计带来了机遇，允许建设一个苗条的、看上去易折断的旅馆，以便使月球旅馆的设计更有特色。图5-23中的旅馆是两个160 m高的针形塔式建筑，耸立在月球峡谷的边缘，行星地球悬挂在月空。为了对内部进行屏蔽，外表有50 cm厚的月球岩石层，还有35 cm厚的水层，夹在两个玻璃板之间，用于屏蔽宇宙线和保持温度恒定。窗口设计为岩石层的洞。

图5-23 计划建在大峡谷边缘的塔式旅馆

3.2 奇特运动乐开怀

在月球表面1/6重力的特殊环境下，可以开展特殊的体育运动项目，这些运动项目将给月球旅游者带来无穷的乐趣。图5-24 给出一部分体育运动项目，如撑竿跳、在屋顶上攀爬、穿特制服装飞行等等。

图5-24（a） 月球上特殊的体育运动项目

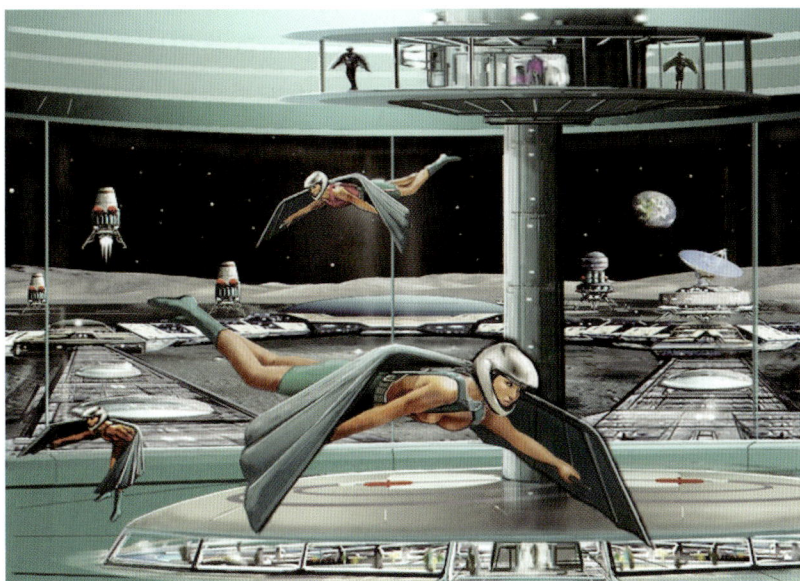

图5-24（b） 月球上特殊的体育运动项目

3.3 琳琅满目纪念品

在地球上，购物是旅游的一项重要活动内容。在月球高级旅馆内，也将配备琳琅满目的纪念品，供旅游者选购，旅游者也可以在月壤中寻找自己喜爱的纪念品。月球上的纪念品种类繁多，有天然纪念品和人工生产的纪念品。天然纪念品包括月壤中的玻璃球，特殊形状、特殊颜色的月壤颗粒，如果幸运的话，还可能采集到宇宙陨石。人工生产的纪念品种类也很多，因为人类目前已经发射了大量月球探测器，这些探测器有的是在月球上软着陆，整个部件还基本完好地保存在月球表面。大量的探测器是在完成任务后坠毁在月面，留下大量碎片，这些碎片就是很珍贵的纪念品。

3.4 月面地升舞蹁跹

"海上生明月，天涯共此时。情人怨遥夜，竟夕起相思。灭烛怜光满，披衣觉露滋。不堪盈手赠，还寝梦佳期。"这是唐代诗人张九龄的脍炙人口的诗句。该诗所表达的意境是：一轮明月升起在海上，你我天各一方，共赏出海的月亮；有情人怨恨夜长，彻夜不眠将你思念；灭烛灯，月光满屋令人爱；披衣起，露水沾挂湿衣衫；不能手捧银光赠给你，不如回床入梦乡，或许梦境中还能与你欢聚一堂。这首月夜怀人之作，情深意永，细腻入微，堪称古今佳作。

当人们到月球上旅游时，是否会看到在月海的衬托下，地球冉冉升起的景象呢？如果时机合适，是可以看到这种特殊景象的，此时会自然勾起人们"海上生明月，天涯共此时"的联想。图5-25 到图5-28是日本"月亮女神"拍摄到的"海上"升地球的图片。

图5-25 地球从月平线升起

图5-26 月球上看地升的过程

图5-27 月牙与"地牙"

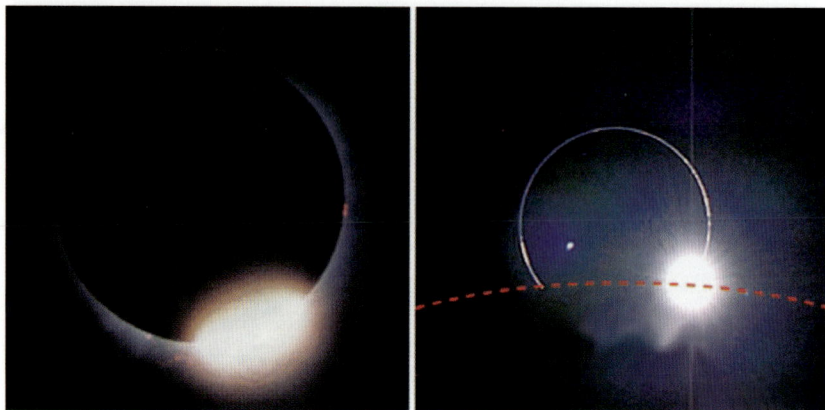

图5-28 左：在地球上看到的日食；右：在月球上看到的日食

第六章　2100年后的月球

1．月球社会

1.1　月球城市现规模

月球城的出现是人类对月球进行开发利用达到较大规模和较高水平的体现。一座基地可以称为月球城要具备以下基本条件：

（1）常住人口达到一定数量，一般在1 000人左右。

（2）居住区相对集中，居民用房已不是简单的充气式或窑洞式建筑，而是独具风格的月球大厦。建筑风格既有民族特色，又与月球环境浑然一体。

（3）具有充足的能源和动力供应系统以及完善的通信系统。

（4）有专门的生活资料供应渠道，特别是氧气、水、食物的供应。

（5）每座城市都有自己的特殊产业，产品的种类与城市所在地区的资源分布有关。例如，有的生产建筑材料，有的专门提炼稀有金属。

（6）城市交通发达，许多城市之间有高速公路与铁路相连。

（7）服务设施、商品交易设施齐全。

图6-1至图6-3列举了几种月球城的设计。

图6-1 月球城（1）

图6-2 月球城（2）

图6-3 月球城（3）

1.2 管理机构应运生

随着月球城的发展，相应的行政管理机构必然应运而生，以便协调城市的建设、城市与城市之间的合作。根据预测，到2100年，整个月球的常住人口将在10万左右，月球城的数量将达到上百个，建立完善的行政管理机构是非常必要的。

月球行政管理机构应具有半官方的性质。每座城市的行政长官，对这座城市的发展全面负责。城市行政管理机构的职能是制定政策、法规，同时也是这些政策和法规的执行者。另外的重要职能是与其他城市协调。当月球城发展到一定规模后，城市管辖的范围、城市间的协调发展，都将成为突出问题。

1.3 能源充足促发展

到2100年，月球电力供应将达到100万兆瓦，主要由太阳能电池供电，

同时也建立一些核电站。此外还要求将这些电能输送到每座月球城。

太阳能电池不仅布设在月球表面，还要发射相当数量的太阳能发电卫星。所用的太阳能电池都利用月球上的材料制造。图6-4给出月面上的太阳能电池阵，图6-5给出太阳能发电卫星。

由于能源充足极大地促进了矿业、制造业、建筑业和旅游业的发展，一些特殊的产品不仅可满足在月球上生活的需要，还可以通过月球电梯以及先进的地月交通工具运往地球，如氦-3、稀土和其他贵重金属。

到2100年，月球旅游已不是少数富人的专利，而是像到地球上任意旅游点那样由人们选择。红红火火的旅游业，又进一步带动了月球资源的开发和利用。

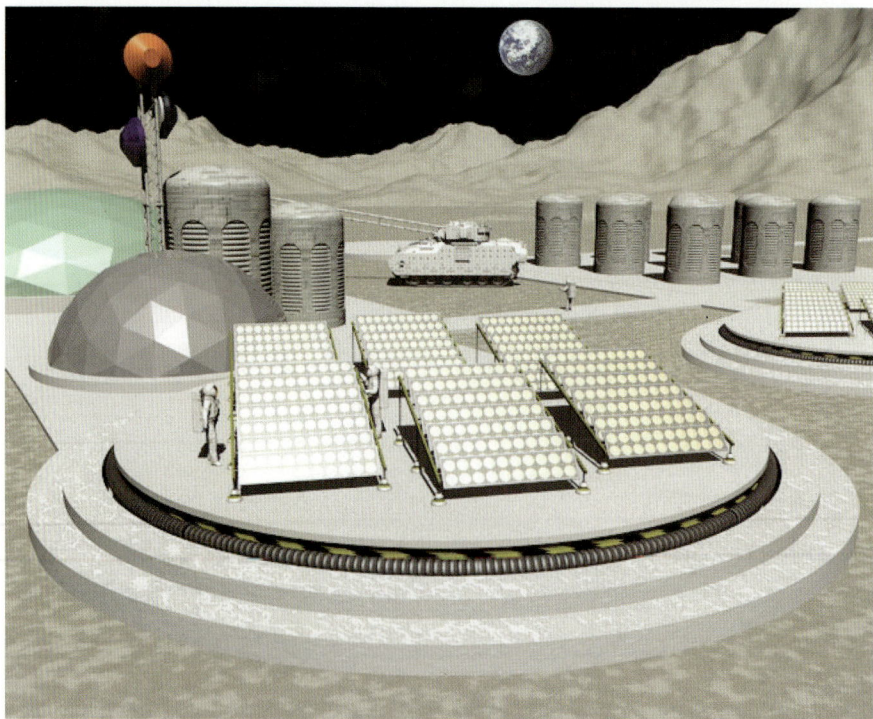

图6-4 月面上的太阳能电池阵

图6-5 太阳能发电卫星

1.4　生机勃勃现繁荣

到2100年，月球上的制造业将出现生机勃勃的景象。制造业的产品范围广泛，且都是利用月球上的材料生产的，这些产品能满足月球社会的全面需求。制造业包括建筑业、计算机、机器人、结构材料和通信设备等。

制造业的发展将给在月球上生活的人群带来快乐和方便，因此，也会进一步促进旅游事业的发展。届时，月球交通港将会非常繁忙。图6-6和图6-7给出人们在月球上生活的情景。

图6-6 月球上的生活

图6-7 繁忙的月球交通港

2．月球科学

2.1　月球遍布天文台

在月球上建立天文台具有许多优点：

（1）月球没有大气，因此不存在大气对某些电磁波谱段的吸收，月亮上的天文台可以实现全波段观测，这使天文学家能够获得更清晰的视野。

（2）月球是一个非常稳定的平台。登月探测表明，月震放出的能量比地球上平均地震能量小一亿倍，月震产生的月面移动约十亿分之一米。这样的稳定性对于光学干涉仪是极为有利的，因为要求可见光光学望远镜"联网"两个基元望远镜之间的距离精度就要在零点几光波波长之内，即大约一千万分之一米。

（3）月球提供了一个巨大的天然平台，足够人类建立庞大的天线阵。

（4）月球上的引力场的微弱，减轻了仪器结构强度和制造的困难，而且对仪器的操作和控制也变得更为容易。

（5）据考察，月球两极附近的某些环形山似乎总是阴暗的，据说这些地区的温度约为70 K，适合大多数天文测量仪器所要求的低温环境。在月球表面建立天文台也会得到异常详细的星空视野，打开研究宇宙的新窗口。月球上天文台的分辨率将可能超过当前地面的光学仪器的数万倍甚至十万倍以上。图6-8给出一种月球天文台。

图6-8 月球天文台

（6）能够长时间地跟踪观测同一个天体。地球每24小时自转一周，月球大约每27天才自转一周。因而在那里持续跟踪观测一个目标的时间比较长，对观测近地小行星也具有很大的优势。

（7）在月球上可以进行X射线、伽马射线等高能观测。这些观测设备在地球上无法进行观测，通常要在气球或者卫星上观测。

（8）在月球背面设立射电天文台，可以避免来自地球的各种电磁辐射的干扰。第二次世界大战后，开始利用无线电技术进行天文观测，开创了射电天文观测的新纪元。在射电天文领域，已经有四个诺贝尔物理学奖诞生，其中脉冲星的研究就获得两次诺贝尔物理学奖。有关脉冲星的研究，前景广阔，包括"脉冲星—黑洞"系统的发现，亚毫秒脉冲星的发现，都是冲击诺贝尔奖的项目。前者对确定黑洞的存在，特别是观测黑洞独有的"视界"附件的情况，有其他方法难以得到的能证明黑洞存在的直接观测证据。对于后者而言，能提供证明夸克星存在的直接证据。中子星是靠引力束缚的，转动太快，就会把物质甩出去，而夸克星是靠强作用力束缚的，所以可以转得很快。我们知道，质子、中子等都是由夸克物质组成的。对夸克物质的研究，在地面上极其困难。不言而喻，发现夸克物质组成的天体，对基本粒子的研究是多么重要。研究表明，如果发现一颗小于0.5毫秒的脉冲星，它就极有可能是夸克星。此外，利用脉冲星进行引力波的直接检测，无疑也具有重要意义。现在重要的大型射电设备，都在开展相关研究，特别是引力波的研究。然而，在地面上进行上述研究，遇到越来越大的困难。我们知道，射电脉冲星的辐射，是按幂定律分布的，在低频上强，高频上弱，通常在小于400 MHz上最强。然而，地球上的无线电干扰，对射电脉冲星的观测造成致命的威胁。在月球上就可以避开这种威胁。

月基米波射电望远镜的优点是干扰少和设备简单。地面射电望远镜，除受到地面各种通信设备和电器的干扰外，还受到卫星等通信设备的干扰。例如在澳大利亚 Parks用射电望远镜观测脉冲星时，当卫星在天空通过时，整个设备无法正常工作。即使没有卫星通过，也还有各种干扰（如手

机等）。澳大利亚Parks的射电望远镜离城市远，周围人口也少。放在中国观测天体微弱信号，会受到极大的限制。在米波段，可以用阵子天线，不但容易在月球上安装，也可避免遭受下落物体的轰击。

月基米波射电望远镜主要进行射电脉冲星的观测。脉冲星研究，已经有两个诺贝尔物理学奖诞生。利用脉冲星探测引力波，是当前主要发达国家开展的重要科研项目。2004年发现双脉冲星（不是脉冲双星），更激发了人们去探测"脉冲星—黑洞"系统。发现"脉冲星—黑洞"系统，对确定黑洞的存在有着重要作用。脉冲星是中子星还是夸克星，对确定和研究夸克物质具有重要意义，无论在物理学上还是在天体物理学上，都具有极其重要的作用。如果发现0.5毫秒以下的脉冲星，就可以证明它是夸克星。以上几项，无论是直接探测到引力波，发现"脉冲星—黑洞"系统，还是发现亚毫秒脉冲星，都能冲击诺贝尔奖。

当然，月球上建造天文台也不是没有缺点的。地球上，由于大气的存在好像加了一个防护罩，一般的小流星进入地球大气后，由于高速运动与大气间的摩擦所生之热将被烧蚀，而月球就没有这种防护罩。因此，容易遭到各种流星的撞击。为此，必须给各类设备加上特殊的"保护罩"。

2.2 全月建立观测站

到2100年，人类对月球本身的观测和认识将达到以下目标：

（1）绘制出精确的全球重要地质特征图，对每座山脉的特征、每种矿物的分布都有准确的探测资料。

（2）人类将到达月球上各个角落，从赤道至极区、从正面到背面、从最平坦的月海到最高的山峰，特别是深入熔岩管内部进行实地考察，弄清其结构和开发价值。

（3）在全球范围内建立多个高水平的国际月球科学实验室，在月球上完成对岩石、矿物的成分和形成年代的分析。这将为深入了解月球早期撞击史、演变史和验证一些重要学说创造必要条件。

（4）在全球范围内建立密集的光学、地震学、电磁学、高能粒子等多学科自动观测站，进行自动、长期、连续的观测，有望破解目前存在的月球之谜。

（5）掌握重要矿物的分布和贮藏量。

图6-9给出月球科学研究中心的内部结构。

图6-9 月球科学研究中心

2.3 科考队伍常来往

对月球的实地考察成为日常性的工作，只要研究工作需要，就像搭乘班机到外地考察一样，可方便地到达考察点附近的月球基地或研究中心。

2.4 深空探索中转站

到2100年，月球将取代地球，成为深空探测的基地和中转站。许多深空探测器的部件和仪器在月球上制造，探测器在月球上发射。

未来的太阳帆也在月球上制造，然后将太阳帆飞船发送到太阳系的各

类天体。

在月球上还要生产探测欧罗巴海洋的"潜水艇"，由特殊耐高温材料制作、用于研究木星的卫星——艾奥（IO）火山喷发的"芭蕉扇"探测器，深入木星大气层内部、探测内部高温高压气体和液体特性的"孙悟空"探测器，钻探火星几千米，研究火星内部是否有生命和液体水的"土行孙"探测器。

届时月球的发射场设施将非常完美，利用月球资源生产的火箭推进剂非常充足，能满足飞往太阳系任何天体的飞船发射需要。